U03Z63647

[丹麦]迈克·维金 著　韩乃方 译

ヒュッゲ
我只想待在家
My hygge home

开明书店

献给未来，献给今日的自由

目 录

———

第一章
CHAPTER

1

丹麦设计和 Hygge[1]

家能让我们更幸福吗？我们可以设计幸福吗？我们能把家设计成不仅可以日常起居还可以好好享受生活的地方吗？这些问题的答案对我来说显而易见。因为在丹麦，长大意味着有两件东西会一直陪伴着你：设计和 Hygge。

你可能听过这些人的名字，安恩·雅各布森、汉斯·瓦格纳、保罗·克耶霍尔姆、保尔·汉宁森和布吉·莫根森。他们不仅在丹麦家喻户晓，在全世界也鼎鼎有名。如果你看过丹麦电视剧，比如《权力的堡垒》（*Borgen*）、《谋杀》（*The Killing*）、《遗产》（*The Legacy*）等，你应该对丹麦的城市设计和室内设计风格有所了解。有人在看《权力的堡垒》时会特意暂停一下，来确认首相办公室里的灯是不是保尔·汉宁森设计的"洋蓟吊灯"。

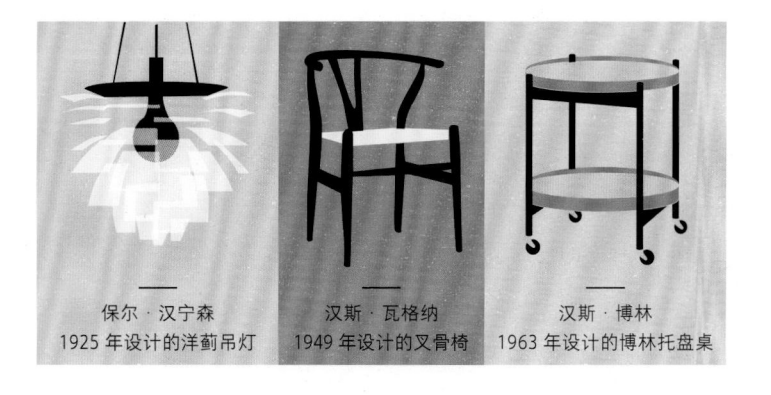

保尔·汉宁森
1925 年设计的洋蓟吊灯

汉斯·瓦格纳
1949 年设计的叉骨椅

汉斯·博林
1963 年设计的博林托盘桌

丹麦与设计紧密相连，在卡通片《辛普森一家》中，当辛普森一家人坐飞机去丹麦的时候，空乘会提醒乘客，如果有人在飞行途中设计并制作了家具，请在飞机降落前涂上最后一层清漆。

设计，顾名思义，是指一样东西或一个地方被创造出来之前就对其功能或运作方式进行规划，想象如何让它们变得与众不同，以及这样的改变会对我们产生怎样的影响。

设计影响着我们在城市中的活动、餐盘里的食物，以及人与人之间的沟通方式。我们会不会和自己的邻居聚餐，上班的时候开不开心，闲暇的时间该如何度过，这些都与设计有关。设计存在于我们生活的方方面面，也让生活变得更有意义。

设计可以激励我们成为更好的人，积极地改变世界。如果我们能利用设计的力量，我们就拥有了提高生活质量的工具。

丹麦设计以人为本，致力于为普通人设计品质卓越、功能完备的产品。这些产品简约、实用、环保、精致，普通工人也负担得起。丹麦的设计范围很广，比如，建筑一直是其中很重要的一部分。建筑师不仅要设计建筑，还要设计建筑里的一切，包括与建筑相匹配的家具和餐具等。

哥本哈根市中心的 SAS 酒店就是一个很好的例子。该建筑由安恩·雅各布森于 1960 年设计而成。

丹麦设计致力于创造尽可能美好并有助于人们健康和幸福的环境。正如伊利诺伊理工大学设计学院和香港理工大学设计学院教授约翰·赫斯科特所说："设计，究其本质是人塑造环境的能力，以前所未有的方式满足其需求并赋予生活以意义。"在丹麦，如果说有一件事比设计更重要，那只能是"Hygge"。

Hygge 的重要性

————

Hygge 是一种营造美好氛围的艺术；是和自己喜欢的人待在一起，远离尘世喧嚣、放下戒备的安全感；是和朋友一起聊生活中大大小小的琐事或者静静坐着的状态；是一个人静静享受一杯热茶时的心情。换言之，Hygge 给人的感觉像家一样。设计 Hygge 之家，就是通过改造空间，把一个房子变成舒服、自在，让幸福自然而然发生的地方。

说 Hygge 对丹麦人有多重要都不为过。丹麦人对 Hygge 的痴迷似乎已经刻在 DNA 上了。如果一个丹麦人说自己不在乎 Hygge，就好比一个英国人说"别保持冷静了，快慌作一团吧"，或者像一个美国人说"自由其实也没那么重要"一样。下面，我来给你们讲讲 Hygge 对丹麦人意味着什么吧。

2016 年，丹麦文化部部长向丹麦人民提出了一个问题：哪些传统和社会价值观塑造了丹麦人？这是一个全国性的调查，旨在探索哪些价值观造就了今天的丹麦人，并将塑造未来的社会。他们收到了两千多条建议，其中最重要的几条是：福利国家、自由、信任、平等，还有——你猜对了——Hygge。

2019 年，国际天文学联合会庆祝其成立 100 周年时，授予了每个国家一颗行星的命名权。关于这颗行星的名字，丹麦收到了 830 条建议，有 5 条入选，Hygge 就是其中之一。不过，最终获选的是"穆斯贝尔海姆"——北欧神话中火巨人苏尔特尔守护的火之国的名字。你不得不承认，这个名字确实比在烛光下吃巧克力的"Hygge"酷一点儿。

在丹麦，你甚至可以写一篇关于 Hygge 的博士论文。第一个这样做的人是杰普·林内特。三年里，他不仅仅是研究每天吃几个肉桂面包卷才是完美的（这个答案他只花了六个月就发现了），而是对丹麦人与家庭的联系、丹麦人的待客之道和其对食品饮料的消费进行了广泛的民族志研究。据他发现，Hygge 是一种放松自在、享受当下的氛围，由与人相处的方式、遇见时的心情和物理空间的感觉组成。周边环境对 Hygge 来说非常重要，Hygge 与氛围息息相关。

对丹麦人来说，家就是 Hygge 的大本营。在丹麦，家不仅仅是我们休息的地方，也是我们所有社交生活的中心。其他国家的人大多愿意在酒吧、咖啡馆或饭馆进行社交活动，但丹麦人更喜欢在家。也许是因为丹麦的外出花费不小，而且丹麦人总体来说都比较内向，更喜欢待在自己熟悉的环境中。看一个丹麦人是外向还是内向很简单，跟别人聊天的时候，内向的丹麦人

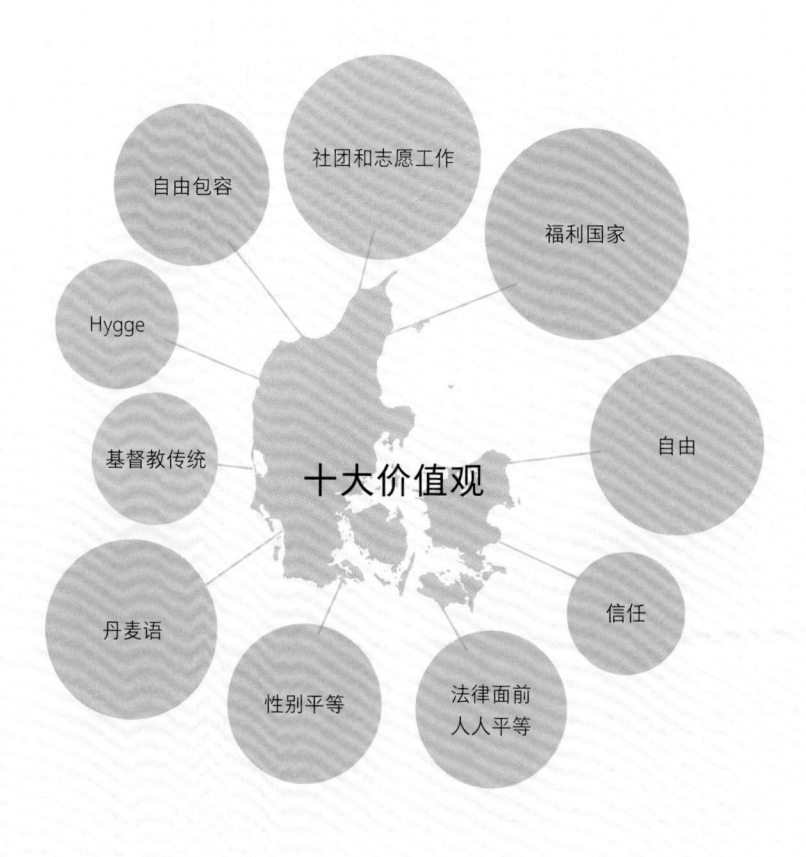

社团和志愿工作

自由包容

福利国家

Hygge

自由

基督教传统

十大价值观

信任

丹麦语

性别平等

法律面前
人人平等

会看自己的鞋，而外向的丹麦人看的是别人的鞋。

再加上对设计的热情，这个内向的民族把 Hygge 看成是丹麦的国民活动。所以在新型冠状病毒感染期间，丹麦政府要求国民待在家，尽量少与人接触时，他们都非常习惯了。

不过，最近 Hygge 成了一种全球现象。每年《世界幸福报告》都会发布各国幸福指数的排名。丹麦、瑞典、挪威、芬兰和冰岛通常都名列前茅。这引起了人们对斯堪的纳维亚国家文化和生活方式的兴趣，其中就包括丹麦的 Hygge 文化。

在亚马逊网站上搜索关于 Hygge 的书，你会搜到 500 多本，其中有一本是我写的，被翻译成了 35 种语言，销量超过 100 万册。这本书从丹麦起航，去往全球每一个角落。你或许可以称其为第二次维京入侵，只不过这一次维京人带的武器是大毛毯和热巧克力。

显然，在"Hygge"传播开之前，丹麦人并不是唯一与好友在壁炉前喝热红酒，享受惬意时光的人。正如莎士比亚在《罗密欧与朱丽叶》中所写："名字有什么关系呢？玫瑰即便换了名字也依旧芬芳。"丹麦并没有垄断 Hygge。

我经常想起我第一次发表有关 Hygge 的文章后收到的一封信，是一位法国女士写的。她是两个年幼孩子的母亲，她说她早就知道 Hygge 的感觉，但之前无法用言语表达出来。"我能感受到 Hygge，"她写道，"只是不知道有一个词可以形容它。我经常会和我的两个孩子坐在沙发上喝茶吃饼干，一起度过整个下午。以前我会称之为'慵懒的下午'，现在我愿意称它为'Hygge 下午'。"读了这封信，我很高兴。通过引入一个单词、一个概念、一种感觉，我们消除了这件事中的不确定感，让人感到被爱和安慰。玫瑰不管叫什么名字都一样香甜，但 Hygge 这个名字还是维持原样更好。

很高兴看到有这么多人喜欢 Hygge。我们都需要更多的团聚、温暖、放松和简单的快乐，这不是丹麦人的专利，而是全人类的愿望。

每个人都渴望拥有一个有幸福感的 Hygge 之家，即使外面动荡不安，我们也能在自己的小世界里怡然自得。

Hygge 与幸福

———

庆幸的是，Hygge 把人们聚在一起的能力似乎是超越文化和地理界限的。有时候，只需点上一根蜡烛就可以在餐桌上创造出 Hygge 的氛围。

有位读者说："看了有关 Hygge 的内容之后，我出去买了两个大烛台，然后开始在吃晚饭的时候点蜡烛。"他有三个儿子，一对十八岁的双胞胎和一个十五岁的儿子。他刚开始做这个举动时，几个孩子都取笑他，但很快他就注意到餐桌上有了一些细微变化："时间似乎慢了下来，几个孩子越来越健谈，他们不再闷头吃饭，而是开始小口品酒，跟我讲他们当天遇到的事。"仅仅一个简单的行为，就改变了餐桌氛围，孩子有了讲故事的心情，晚餐时间不再只属于吃饭。这就是 Hygge。如今，在这位读者家里，点蜡烛变成了孩子们的事。

我想如果连一支小蜡烛都能产生如此大的效果，是不是还有别的设计技巧会对我们的幸福产生积极影响？怎样才能创造出更幸福的空间和场所？如何通过建筑、照明、装饰和家具来提升生活质量？我们可以为幸福而设计吗？

或许你已经体验过一个房间里的气氛是如何影响你情绪的，或许你也有过到一个地方想一直待在那里的感觉。你也许是因为透过窗户洒下来的温暖阳光，也许是一书架的书，也许只是觉得那个地方像家。

我的工作就是试图去理解你为什么会有这种感觉。我研究幸福以及如何提高人的幸福感。十几年前，我在丹麦哥本哈根创建了幸福研究院。我知道，这个名字听起来像个神奇的地方。人们想象我们每天的工作就是逗小狗，玩气球，吃冰激凌。抱歉我得打破你们的幻想，这些事情我们只在每个星期三才做。其他时间，我们会使用各种科学的方法了解幸福。我们会进行长达数年的研究，收集大量数据，来弄清楚为什么有些人会比其他人更幸福。

在过去十几年里，幸福研究院一直在研究空间和场所对人们幸福感的影响，我越来越好奇家和幸福之间的联系，也慢慢意识到环境与情感之间的关系。

我的好奇心既出于职业原因，也出于个人原因。在我所在的研究院，我和同事们一直努力通过收集到的数据找到某些问题的答案。比如，如何通过设计改变我们的社会、城市、办公室、家庭和生活。我将在本书中与你分享如何更好地利用周围的空间为幸福服务。

做这项研究的时候，我恰好也在寻找一个新的住处来提高自己的生活品质。过去我住过二十多个地方，有带窗户的阳光房，也有没有窗户的，有西班牙小镇上的公寓，也有墨西哥第二大城市的公寓，有一间房子是我和前女友分手之后住的，里面只有一张床垫和一台放在地板上的电视机，我称之为"重度斯堪的纳维亚极简主义风格"；还有一间特别小的房子是我在博恩霍尔姆岛上住的，可以看到大海，我只要一看大海心情就会好起来。

新冠疫情的时候，我和女朋友住在一个没有阳台的小公寓里。有天早上我心情很差，在喝咖啡之前，新闻里的坏消息一个接着一个。病毒感染人数一路飙升，更糟糕的是，一种新病毒从水貂身上传播到了人身上，这可能会把全世界寻找有效疫苗的努力打回原点。

与数亿人一样，我的工作和生活也受到了影响。幸福研究院的工作是需要在全球各地跑的，但当时的情况是，从来没有那么多的飞机停在机场，也从来没有那么多悬而未决的事等着去解决。我的工作很难开展——人在丹麦，却要想办法提高奥地利一个小镇的生活质量，简直是不可能完成的任务。雪上加霜的是，我们的幸福博物馆首次向公众开放，但街头的行人寥寥无几。我想念和朋友家人相聚的时光，也怀念那些没有烦心事的日子。

　　那天早上，在我对着水貂和突变的病毒大发牢骚的时候，女朋友打断了我。"病毒要变异，你喊破喉咙也没用，把注意力放在你能控制的事情上吧。"她说得对。我们无法控制发生在自己身上的事情，但可以决定如何处理它们。虽然世界十分动荡，但我们可以把家打造成一个幸福的地方。那天晚上，我和女朋友在烛光下吃着我们最喜欢的食物，聊了很多深刻而有趣的事，我很快就忘掉了早上的不悦。

安全空间

———

　　家，是让我们感到舒适和安全的地方，是与所爱的人互相了解、共同生活的地方，是可以重整旗鼓、再次迎接挑战的地方。

　　在这个越来越动荡的世界里，面对纷繁的信息，人的压力与日俱增，而家便成了人可以暂时退后一步，稍作休息的港湾。这也就是为什么我们的语言里有着不计其数赞美家的句子，比如"金窝银窝不如自己的狗窝""此心安处是吾乡"等。《草原上的小木屋》的作者罗兰·英格尔斯·怀德曾说："家是所有语言里最美好的词汇。"

　　在新冠疫情之前，我们就已经是喜欢待在室内的物种。《美国人类活动模式调查》研究了从 1992 年到 1994 年之间 9386 个美国人的生活情况（见第 22 页）。研究显示，人有大约 90% 的时间都是在室内度过的，而其中在家的时间最长。我们在家工作、睡觉、看电视、做饭、打扫卫生、开派对，度过生活中大部分时间，但家对我们的幸福感有什么影响，目前还鲜有研究涉及。

　　迄今为止，大多数研究还都集中在建筑环境的设计对人身体健康的影响上，而近些年人们才慢慢意识到精神健康和社会健康的重要性，以及环境对人的感觉和互动方式的影响。

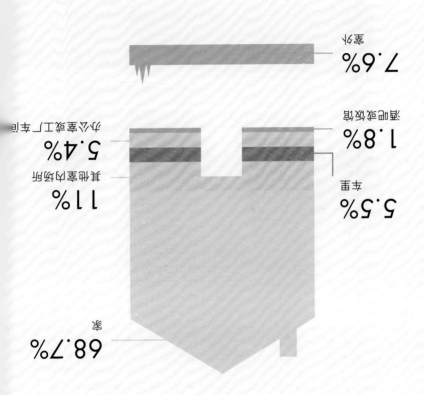

我们的时间

68.7%
家

11%
其他室内场所

5.4%
办公室或工厂里

1.8%
汽车或卡车里

5.5%
室内

7.6%
室外

相比人造光源，大多数人更喜欢自然光。谁不喜欢工位旁边有个大窗户呢？比起砖块，树更令人喜悦。这些偏好不仅仅是由审美决定的，它们与人的心理健康直接相关。世界卫生组织对欧洲住房和健康状况进行的一项大型研究表明，日光不充足或窗户视野不好使居民患抑郁症的可能性分别增加了60%和40%。但建筑环境设计却很少关注这些改善人们心理健康的设计因素。

好的一点是，我们目前对健康的认识，已经逐渐回归到世界卫生组织在1948年给健康做的定义上来：健康是指身体、精神和社会方面的全面健康，不仅仅与疾病相关。家、办公室和城市空间不仅要保证人的身体健康，还应该保证人的精神健康和社交健康。那么，我们能不能建造一个既可以保护我们人身安全，又可以帮我们在精神和社交上充分发展的庇护所呢？一个温馨幸福的家，是否可以帮我们建立更深层次的亲密关系，并催生更有意义的沟通呢？

我最近意识到一件事：人总在别处寻找幸福，但幸福其实比你想象的要近得多。

2018年，幸福研究院和英国翠丰集团（百安居B&Q、Screwfix等）合作开展了一项调查，试图了解什么因素造就了一个幸福的家。我们调查了来自十个不同国家的13480人，询问他们的幸福感和对家的满意程度。第 25 页的图表显示了对这些人幸福感影响最大的几个因素。

我们发现，有 73% 的人对家感到满意，同时他们总体上也感到很幸福。在所有影响人幸福感的因素中，对家的满意度占到了 15%。15% 可能听起来不是很高，但想想有多少因素会影响你的幸福感吧：你的亲密关系（已婚的人更幸福），你的健康（特别是你的心理健康），你的工作（从工作中获得意义和目的感是关键），你的年龄（整体数据呈 U 形——你在 40 多岁时可能最不快乐），等等。有这么多因素影响着幸福感，即便是提升 1% 也需要很大的努力，因此 15% 是相当大的一个比例了。

另一项研究由丹麦最大的基金会之一 Realdania 开展，该基金会的使命是通过建筑环境改善生活质量。研究发现，只有 7.5% 的人表示房子对他们的生活质量没有或几乎没有影响。研究还表明，房子对越年长的人来说越重要。

我们需要接受这样一种观念，即空间和场所确实会对人的幸福感产生影响，我们可以通过改变周围的环境来提升生活质量。换句话说，人可以设计幸福。借用温斯顿·丘吉尔（Winston Churchill）的话：我们塑造了自己的家，而家反过来也塑造了我们，它影响着我们的感受和行为。

对人们幸福感影响最大的因素是什么？

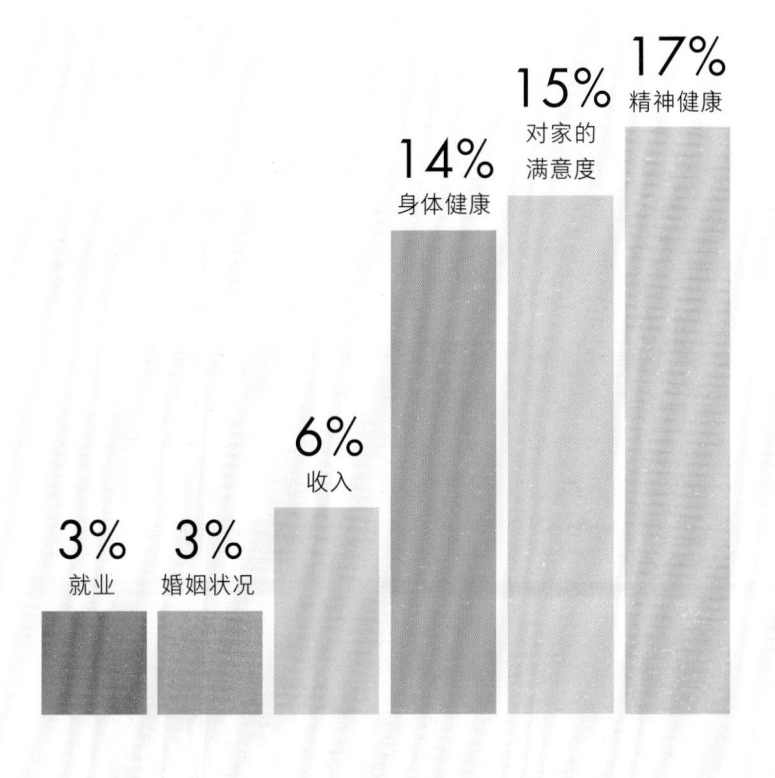

3%
就业

3%
婚姻状况

6%
收入

14%
身体健康

15%
对家的
满意度

17%
精神健康

幸福清单

———————

☐ 观察不同环境带给你的感觉。如果一个地方让你很放松，跟在家的感觉一样，想想它是怎么做到的，再想想你可以从中学到什么，然后在你的生活空间中做出相应的改变。

☐ 想想你在每个地方待的时间长短，思考一下这些地方的装饰和设计对你的行为有何影响。

☐ 记住一点，小变化也能产生大影响。比如在吃晚饭的时候把灯关掉，点上蜡烛。从小处着手没错。

Hygge 之家

据说在丹麦，一年有十三个月。一月、二月、三月、四月、五月、六月、七月、八月、九月、十月、十一月、十一月、十二月。

现在是哥本哈根的十一月。冷风呼啸，天气阴暗又潮湿。糟糕天气中该有的东西都全了。雨滴敲打在窗户上，感觉高楼在和大风练着太极。厨房的炉子上煲着汤。闻着空气里的味道，我知道烤箱里的面包马上就要出炉了。看了一眼天气预报，这种风雨交加的日子还要持续一两天。打开冰箱，发现接下来几天都不用去超市采购了。这个晚上，我只属于我，西蒙妮在陪着我，我们俩感觉都不错。还是简·奥斯汀说得最好：没有什么比待在家更舒服的了。

Hygge 是围着篝火转圈，是在风暴肆虐或寒冬来临时舒舒服服地躲在家。也许这就是为什么人们越来越需要一个 Hygge 之家。

Hygge，一种北方人的心态

———

去查一下美国哪些州的人搜索"Hygge"的次数最多，你会发现一个有趣的规律。排在前五位的都是位于北方的几个州：佛蒙特州、明尼苏达州、缅因州、俄勒冈州，还有华盛顿州。而倒数五位都是南方的州：密西西比州、路易斯安那州、亚拉巴马州、夏威夷州和佛罗里达州。

同样的规律也适用于其他国家。搜索"Hygge"最多的国家是丹麦、芬兰和挪威。最少的是墨西哥、印度尼西亚和印度。

这么来看的话，似乎远离赤道就会让你走近 Hygge，或者说让你更需要 Hygge。当寒冷阴沉的隆冬腊月来临时，我们只能进入 Hygge 冬眠。夜晚降临，我们回到家，点起蜡烛，拿出毯子，在炉子上做一锅热乎乎的美食。或许，Hygge 是北欧人的必需品，至少是一种北方人的心态。

那么，丹麦人对佛蒙特州了解多少呢？有两样东西，切达干酪和本杰瑞冰激凌。这两样东西在我听来都很 Hygge。我有个建议给佛蒙特州，它应该叫福蒙特——Hygge 之州。

美国各州用 Google 搜索 "Hygge" 的热度

阿拉斯加州
81

宾夕法尼亚州
82

佛蒙特州
100

西弗吉尼亚州
27

缅因州
86

新罕布什尔州
74

华盛顿州
84

蒙大拿州
66

北达科他州
63

明尼苏达州
97

纽约州
53

马萨诸塞州
70

俄勒冈州
85

威斯康星州
59

密歇根州
45

罗得岛州
49

爱达荷州
60

南达科他州
54

怀俄明州
53

艾奥瓦州
47

康涅狄格州
48

内华达州
27

犹他州
57

内布拉斯加州
38

伊利诺
伊州
38

印第安
纳州
38

俄亥
俄州
37

弗吉尼亚州
46

特拉华州
36

加利福
尼亚州
42

科罗拉多州
78

堪萨斯州
41

密苏里州
40

肯塔基州
32

马里兰州
43

亚利桑那州
30

新墨西哥州
33

俄克拉何马州
29

阿肯色州
37

田纳西州
34

南卡罗来纳州
31

北卡罗
来纳州
54

哥伦比亚特区
69

得克萨斯州
25

路易斯
安那州
21

佐治亚州
30

佛罗里达州
24

夏威夷岛
23

密西西比州
17

亚拉巴马州
23

热度指数从 0 到 100，数字越大表示搜索的人越多。

在动荡的年代寻找庇护之地

————

每个丹麦人都是听着 Hygge 长大的，Hygge 是我们的日常用语。我的好朋友克里斯蒂安和梅特的女儿英格丽特就证明了这一点。一天，英格丽特坐在一间小游戏房里，手里端着一盘沙子和一个茶杯，对十八个月大的小孩来说，沙子简直就是鱼子酱一般的存在。她抬头看着爸爸妈妈说："Vi Hygger。"意思是"我们在 Hygge"。"Hygger。"她又重复了一遍，回味着这个词。这个场景的确很 Hygge。更有趣的是，英格丽特是在游戏房里第一次说出这个词的。一个 Hygge 之家必须能为人遮风挡雨，在这点上，并不是只有英格丽特这么想。

几年前，幸福研究院研究了家在人们幸福感中扮演的角色。我们对来自欧洲各地的五十个人进行了深入访谈，并请他们带我们参观他们自己的家，还询问了他们对家的感受。从访谈中我们发现：无论是住在北威尔士乡村四十多岁的简，或是住在莫斯科二十多岁的俄罗斯女孩阿丽娜，还是住在西班牙六十多岁的胡安，他们的回答都大同小异。

家是我的避风港。我可以在那儿给自己"充电"。

回到那里，一切都好，我可以关上房门，把整个世界隔绝在外。家就是一个让人感到安全的地方。

家是大本营，是陪伴家人、受到保护的地方。

家是一个让我暂时忘记工作、放松下来的地方。

家是一个让我感到安全、温暖和舒适的地方。家里的一切都是熟悉的，想到家就会开心。

家是一座城堡。在那里我很安全，而且不会有人来烦我。

这是马斯洛意料之中的事情。马斯洛是一位俄裔美国心理学家，他在 1943 年发明了一个金字塔模型来展示人类各种层次的需求。马斯洛认为人们对生活的满意程度主要取决于这些需求有没有得到满足。在他的需求金字塔中，家占据着重要位置。

家满足了我们最基本的生理需求：安全和庇护。保持身体温暖，能够安心入睡，正是我们需求的根本。在接下来的章节中，我将探讨家如何满足金字塔中更高层次的需求，从与他人建立联系到成为梦想中的自己。

人类需求金字塔

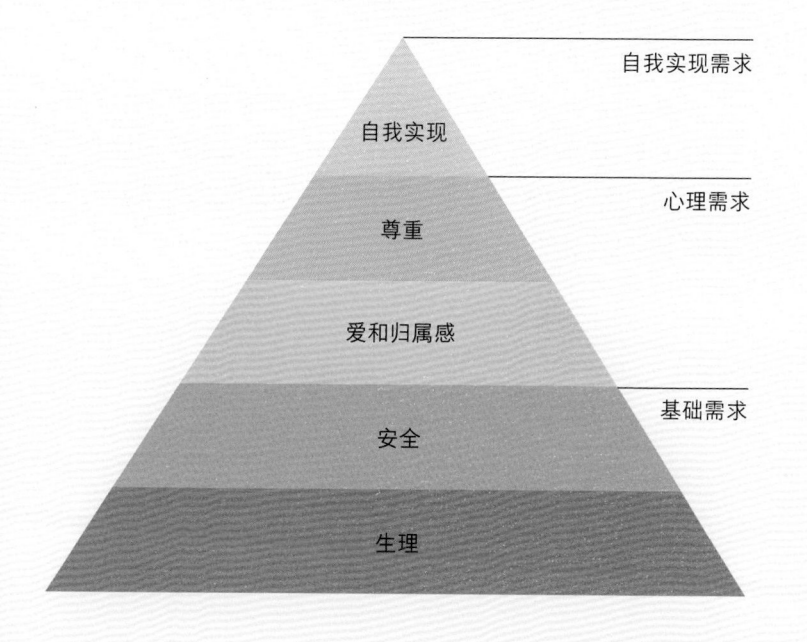

自我实现需求

自我实现

心理需求

尊重

爱和归属感

基础需求

安全

生理

安全角落

写到这里的时候，我正坐在我最心爱的椅子上。这是哥本哈根一个清爽的十一月早晨，天空湛蓝，阳光透过我右边的窗户照射进来。我的左边是一张绿色沙发，身后有一盆植物和一个小书架。我坐在房间的角落里，面对着三扇门、一架钢琴和一张餐桌。

我不确定自己为什么总选择房间里能"防维京海盗"的座位。但我知道，我并不是唯一一个喜欢背对墙角，而且最好能在角落里坐着观察整个房间的人。对很多人来说，背对墙角是最理想的地方。那么问题来了，为什么人喜欢背对墙角？为什么这样会让人舒适？是因为有安全感吗？

一个可能的解释是英国地理学家杰伊·阿普尔顿在 1975 年《景观体验》中提出的"瞭望 – 庇护"理论[1]（ prospect-refuge ）。该理论认为，当我们考虑休息的地方时，总是会选择那些能让我们看到别人，但不易被别人看见的地方。站在山头并且身后有一棵树，或者坐在洞穴的入口处，都会让我们觉得自己的后方是安全的，只需要关注前面的东西就好。马斯洛把"安全"

1　也称为"眺望 – 藏匿"理论，或眺匿理论。——译者注

列为"庇护"之后第二重要的基本需求。

想象一下，在一个四周都是建筑的开放绿地，你坐在绿地中央，旁边没有任何遮挡物，每个人都可以从他们的公寓窗户里看到你，但你看不见他们。这听起来并不是很舒适，对吧？

我们大多数人都会选择边缘位置，避免坐在中间。因此我们可以通过添加一些遮挡物，分割出一些小区域来改善中间的空间。如果我们在开阔的绿地上添加一些半圆形的树篱，那么坐在那里会更加舒适。这就是为什么我称我最爱的椅子为"防维京海盗"椅，因为我知道，坐着它的时候，没有任何愤怒的入侵者可以偷偷从背后袭击我——当然我也不是妄想症，天天想着会有人害我，但保护自己是人类的本能。

在设计 Hygge 空间时，一定要考虑到"庇护"这个因素，想一想如何能让人集中精力，这跟你是内向或外向的人没什么关系。无论是客厅、孩子的卧室，还是花园（如果你有的话），都要想到这一点。为我们这些内向的人创造一些角落，让我们可以窝在那里看书或者喝咖啡。

重要的是，我们可以从家外面的生活中汲取经验，来改善家里的生活。下面，让我们一起来拜访几位我崇拜的"英雄"吧。

人体尺度

"他是个建筑师,她是个心理学家。"这可不是艾薇儿·拉维尼(Avril Lavigne)歌曲[1]的开头,而是关于一对夫妇如何用他们"以人为本"的建筑实践,彻底改变哥本哈根的故事。

我还记得我和扬·盖尔(Jan Gehl)第一次见面时,他说:"一开始提出问题的是我的妻子英格丽德,她是个心理学家,比起砖块,她更感兴趣的是人,她对当时建筑行业流行的东西提出了质疑。"

"她问我,为什么现在的建筑师对人不感兴趣?为什么建筑学院不教有关人的任何知识?为什么我和我的同行不考虑设计出来的建筑会如何影响人的感受?"扬·盖尔继续说。后来,这些简单的问题促使他在六十多年的职业生涯里成为全球创造宜居城市的先锋建筑师。他一直在思索:该如何设计城市才能让人们的日常生活更加快乐?

---

[1] 艾薇儿有一首歌叫《滑板男孩》("Skater Boy"),第一句歌词是"他是个男孩,她是个女孩"。

当扬·盖尔于1960年从丹麦皇家美术学院建筑系毕业时，现代主义运动正盛行。这是一种以系统为导向的思想，根据功能将城市的各个区域分开：商业区、生活区、工业区和文化区。

城市是根据从高空的俯瞰视角来设计的。那时候的建筑师会在黎明时分拍摄房屋，这样就不会有人出现在照片里而分散观察者对美丽建筑的注意力。

就在扬·盖尔毕业的同一年，巴西新首都巴西利亚建成。巴西利亚也是通过俯瞰视角设计的，整个城市沿着一条清晰的轴线建成。从空中看，它像一只巨大的鸟，给人庄严肃穆之感。美吗？也许吧。但它适合居住吗？扬·盖尔持否定态度。他认为，这座城市的街道是为汽车设计的，而不是为人设计的。没有人会问，在一个每个人都住在同一区域，却又在同一地区工作的城市里，生活和通勤会是什么样子。没有人去想，在这样一个庞大的城市里，一个身高不到两米的人会是什么感觉。

那时，社会学和建筑学之间有一道鸿沟，即便到了现在，两者也没有很好地结合。1965年，扬·盖尔和英格丽德去意大利进行了为期六个月的研学之旅，试图了解人们的生活是如何在公共空间中展开，如何与建筑相互作用，以及城市是如何影响人们的行为和生活质量的。

他们去了意大利古老的街道和著名的广场，观察人们如何使用城市空间。他们发现，意大利的街道是为行人设计的，而不是为汽车设计的；广场不是从俯瞰角度设计的，而是从人眼平视的角度设计的。

他们记录了人们喜欢散步和坐着聊天的地方，并进行了很多思考：为什么有些长椅总是最先有人坐？是因为它刚好在角落，方便观察来来往往的行人吗？有哪些因素使锡耶纳的田野广场（Piazza del Campo）深受大家的喜爱？

他们发现，人们喜欢消磨时间的地方都有一些共同点：让人感到安全；可以遮风挡雨；没有交通拥堵；远离犯罪分子。人们喜欢让自身感到舒服、放松，可以和别人轻松聊天、建立联系的地方；也喜欢有美景、阳光和树荫的地方。

要想真正了解人们对周围环境的反应，应该先了解这个环境在离地面140厘米到160厘米的高度是什么样子的。这个高度是人眼的平视高度，大多数人都是从这个角度观察世界的——扬·盖尔称之为"人体尺度"。而城市设计应该重点关注从人体尺度感知到的城市，而不是从高空看到的城市。

现已到耄耋之年的扬·盖尔已经在建筑领域工作了六十多

年，他致力于通过在建筑物（广场、公园、街道）之间创造更好的空间来提高人们的生活质量。在哥本哈根，扬·盖尔将尼哈芬（Nyhavn）从停车场改造成著名的休闲区，还将斯特罗格特（Strøget）从机动车道改造为现在世界上最长的步行街之一。这些项目改变了人们的生活方式，也改变了人们对城市的理解。

2000 年，扬·盖尔成立了盖尔建筑事务所（Gehl Architects），为世界各地的城市就如何创造宜居空间提供建议。换句话说就是，给人和空间这对欢喜冤家做婚姻咨询。从悉尼、上海、旧金山到圣保罗，盖尔建筑事务所一直在强调利用"人体尺度"。2014 年，该事务所的负责人里卡多·马里尼（Riccardo Marini）在接受英国《卫报》采访时说："我们丹麦语里有一个词表示'让人想抱抱'的感觉，它就是 Hygge，我们就用这个词把城市设计成一个温暖舒服的地方。有些顽固的人可能会说，这跟城市有什么关系？嗯……其实，要想让人们喜欢一个地方并留在那个地方，这个是最重要的东西。"

我第二次见到扬·盖尔是在 2009 年哥本哈根联合国气候峰会上。我在市政厅组织了一次圆桌会议，让城市规划者和政策制定者聚在一起讨论城市设计如何帮助减少碳排放。我们一共有二十个人，我把四张桌子拼成一个巨大的长方形，好让所有人都能坐下。扬·盖尔到了，他看了一眼说："必须调整一下桌子的摆法，我们得坐得更近一些，让每个人都能听到彼此说话的声音，看清对方的眼睛，只有这样我们今天才有可能达成共识。"

就在那时，我第一次醒悟，建筑公共空间里的设计原则原来也适用于建筑内部的生活空间。建筑的设计和装饰对建筑里面可能会发生的事起着巨大作用——我们绝不能忽视人体尺度，无论

是发生在建筑外部的公共生活，还是发生在建筑内部的个人生活。

想象一下，你正坐在一个一百平方米的房间里。里面只有一张沙发、一把椅子和一张咖啡桌。房间中央的天花板上只有一盏吊灯。除此之外，房间里别无他物。这样的房间会让你觉得温馨吗？你想在那里看一下午书吗？我想你可能不会。一个大大的房间如果装修得太过简单，就会让人感觉缺了些什么。极端的极简主义跟 Hygge 没什么关系。

房间如果很小，这些家具可能就够了，但房间如果很大，就需要放一些有温度、有情感、有回忆的东西。比如：植物可以为房间增添生机；书籍可以带来沉思和探索的氛围；地毯和挂画会增加温暖的质感。把大吸顶灯换成一个个小小的射灯，指引你去往不同功能的区域。沙发边的落地灯在低声对你说："去书架上拿本书坐我边上读吧。"木桌上的绿色台灯邀请你去用它身边的那台老式打字机。角落里的地球仪不断牵引着你的眼睛和想象力。每样东西都在为这个房间增加 Hygge 点数，能在这里度过一个下午真是惬意。

无论你家有多大，都可以从人体尺度出发，让你的感官得到享受。思考一下你可以创造出什么样的环境，来支持你想要的生活方式。

不要忘了小孩子眼里的世界

我小时候最喜欢做的事情之一就是建造洞穴。要么在地上用铲子挖，要么在我的房间里用毯子搭。我想我妈可能更喜欢第二种方法。摆上几把椅子，上面盖一张大毯子，牛仔可以过夜的 Hygge 城堡就有了。

扬·盖尔谈到城市设计应该注重离地面 140 厘米至 160 厘米高度的体验。我认为小孩子眼里的世界也同样重要。所以跪下来，看看你们家离地面 1 米高的体验舒不舒服。

楼梯下的那个空间对孩子来说可能是最棒的，尤其是如果他们是哈利·波特粉丝的话。

软软的更 Hygge

———————

你可能对丹麦作家安徒生的童话故事《豌豆公主》并不陌生。

很久以前，在一个暴风雨的夜晚，一位被雨淋湿的年轻女子来到王子的城堡避雨，她自称是公主。王子的母亲为了测试她的真实身份，让她在城堡里住一晚。她将一颗豌豆放在女子的床上，并在上面放了 20 层床垫和 20 层羽绒被。第二天早上，女子告诉王子的母亲，她度过了一个不眠之夜，因为床上的硬东西让她感到非常不舒服。而这一点恰好证明了她是一位真正的公主。这个故事首次发表于 1835 年，当时丹麦评论界并不喜欢它，认为它缺乏深刻的寓意。

我也不喜欢这个故事，但大家对它的批评是不公正的。它其实包含了一个寓意，就是她没有枕头。要睡得舒服，关键还是要有枕头。这可不是什么高深的 Hygge 知识。想要优质的 Hygge 睡眠，就需要一些柔软的物件。

你可以为家增添一些柔软的东西，创造一个可以让你的家人朋友"依偎在一起"的空间。这些东西可以是什么呢？只要你把它裹在身上或坐在上面时很舒服就可以。比如枕头、靠垫、毛毯、地毯等。

　　简而言之，你可以问问自己，如果我被绊倒了，它会起到缓冲作用吗？毛毯会，但塑料桌就不会。靠垫也很不错，不仅可以放在沙发上，还可以垫在硬板凳或地板上。

设计幸福

———

创造 Hygge 区域

如果你的房间很大，比如公寓里的那种大开间，创造出几个有单独功能的区域会增加 Hygge 的感觉。想象一下房间里需要进行哪些活动，各自需要什么样的情绪，然后划分出特定的区域来满足这些需求。比如，一个区域用来社交和吃饭，一个区域用来阅读和休息。这里有一些建议供你参考。

1. 地毯是划分独立功能区域的好东西，而且也最简单。由于地毯材质柔软，可以为房间增添舒适感。

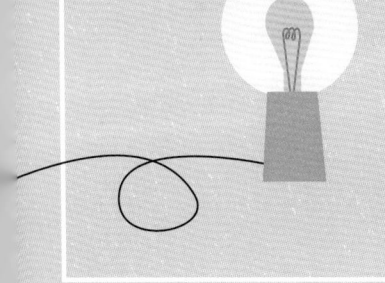

2. 在不同区域使用不同的灯光。不要只在房间天花板中央挂一个吊灯。如果你有一个餐桌，在餐桌上方挂一盏灯。沙发旁或休息区可以放一个落地灯或台灯。

3. 考虑在区域之间添加分隔物。最好使用光线可以穿过的东西，比如开放式置物架。用植物分隔也是个不错的办法，如果植物长得很高很茂盛，会像墙一样给人以安全感。

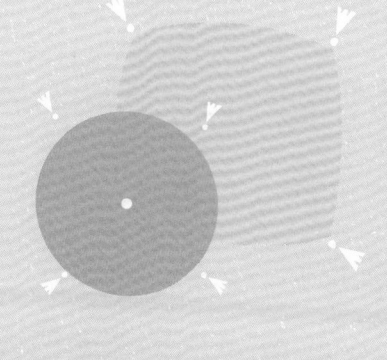

4. 创造柔软的休息区。如果家里没有足够的空间放置整个沙发，可以用单个的豆袋沙发、蒲团、靠垫来代替，它们可以为你提供舒适的阅读和休息空间。而且，它们使用起来更加灵活方便。

5. 用颜色营造不同氛围。亮色可以为较小的空间增添活力，尤其是那些缺乏自然光照的房间。

公共空间和私人空间之间

————

据说，"Kartoffelrækkerne"是丹麦建筑师最集中的地方。"Kartoffelrækkerne"的字面意思是"土豆田"，该名字源于数百年前，哥本哈根人在这里以种土豆为生。即便是现在，这十一条街道上的屋子从空中俯瞰也像是一排排的土豆。

我去那儿的时候是十二月的一天，天灰蒙蒙的。虽然没有下雪，但是天气很冷，我已经好几天没看到太阳了。街道上有孩子在玩耍。两个小孩正在一个小游戏房里玩过家家，卖他们想象中的茶叶。我买了其中一个小孩的茶叶，付给他一只恐龙，当然也是假的。很合算的买卖，对吧？

他们玩的区域很显然就是这片建筑的公共区域。而另一端则是人们的私人空间——吃饭睡觉的家，那里没有纠缠不休催着你买茶叶的推销员。

在公共空间和私人空间之间，还有一些半公共半私人的地方。比如，人们家里通常都有一个院子或者前院花园。这个空间是私人的，但你也可以在院子里和邻居隔着篱笆聊天，对着

路人点头致意。有的人家里还会有一个后院，在那里；你和邻居的距离和在前院没什么区别：我们能看见邻居，邻居也能看见我们。但有趣的是，有一个不成文的规定，在后院看到邻居时不要和他们打招呼，他们也不会在后院和你聊天。我想，这就是半公开的空间（前院）和半私人的空间（后院）的区别。

我认为一个 Hygge 之家也应该提供不同类型的隐私空间。隐私并不仅仅是指一个人待着，也指我们有没有能力控制别人接触我们的机会。隐私不只与分离有关，也和交流有关。我们每个人都需要一个可以放心做自己的地方。可能是在室外，你能看到我，但这一刻，我只想一个人待着。

有时候我们处于社交模式，有时候我们处于独处模式，有的时刻我们需要互动，也有的时刻我们需要自省。要确保自己处于不同情绪的时候都有可以去的地方。无论是家里，还是户外。

凛冬将至，囤些 Hygge 吧

———

16 岁时，我在澳大利亚新南威尔士州的一个小镇上待了一年。那年，我住在镇外的一个农场里。放学后，我会帮农场主喂马，把离家出走的羊抓回来，晚上则在壁炉前度过。云雀山农场的风景很美，而我最喜欢的地方是那里的储藏室，里面到处是泡菜和酸辣酱的交响乐——一个个罐子里装的都是满满的幸福。

托尔金在他《霍比特人》的第一页上就写道：对霍比特人的洞穴来说，舒服是第一位的，其次是要有一个，不，要有很多个储藏室。如果我们有更多人把食物、欢乐和歌曲看得比囤积的黄金更重要，那么这个世界将变得更美好。我举双手赞同这个说法。满满当当的食品储藏室给人的踏实感和安慰是无与伦比的。

不管周围发生什么，暴风雪还是疫情全球大流行，只要家里还有吃的，冰箱、储藏室和橱柜里还有充足的食物，我们就可以安下心来舒舒服服地躲着。Hygge 在这指的就是躲在家里免受外面暴风雪捶打的感觉。想要舒服你就得在冬天来临之前

囤好充足的食物，在家中储备食物是帮助人类生存下来的关键。很早之前，人类就会把吃不掉的食物储藏起来，为冬天做好准备。我们用风干、腌制等方法做果酱、泡菜。我的童年回忆里都是妈妈在锅里蒸接骨木花的味道。

如今，我每年夏天都在博恩霍尔姆岛上度过。这个岛屿坐落在波罗的海上，它也许是丹麦最美丽的地方之一。这里的房子周围都是野生樱桃森林，是采摘覆盆子、黑莓、无花果和苹果的好地方。

我们在这里度过了许多夏日的晚上，采摘各种水果。还度过了许多周日的下午，为丹麦的传统圣诞甜点制作果酱和酸辣酱。这样可以让夏天的时光一直延续到圣诞节，是很不错的幸福良方。

砍柴、搬柴、堆柴，以及最后烧柴的过程都会给我们带来温暖，满满的食物储藏室也一样，我们采摘、烹饪、存储和最后享用这些食物的时候，都会感到无比幸福。它丰富了我们在家中度过的时间，让我们知道家里还有很多美好的东西在等着我们。在安静的冬夜躲在家中慢慢享用美味佳肴，这样的时光充满 Hygge。我们的夜晚因此而变得特别，完全不用担心自己会错过什么。

弄一个食物储藏室也会让我们开始理解和尊重季节的更替。在丹麦，草莓并不是一年到头都自然生长的。冬天超市里的草莓既不好吃，也不 Hygge。根据季节变化选择食物，意味着我们可以设计好自己在什么时间吃什么东西。意味着我们需要根据本地食物生长和收获的时间做好储备。

这里是我的十大必备食物清单：

1. 盐渍柠檬
2. 接骨木花糖浆
3. 干蘑菇
4. 玫瑰果酱
5. 腌甜菜根
6. 樱桃酱汁
7. 油浸烤辣椒
8. 泡菜
9. 黑莓果酱
10. 无花果泡朗姆酒

设计幸福

————————

在手机里保存一份冰箱食物库存清单

当你把装博洛尼亚肉酱的罐子放进冰箱的时候，你以为三个月后还能记得它是什么。问题是，三个月后你冰箱里又多了三四个跟它差不多的棕色罐子的酱，到时候你就很难分辨哪一瓶是博洛尼亚肉酱了。很可能你最后吃了一份鸭酱意大利面。所以确保给冰箱所有的东西贴好标签。

另外我发现，在手机里保存一份冰箱食物库存清单很有用。哪一天下班晚了，一看手机就知道自己冰箱里还有哪些现成的食材。是该放在锅里煮，还是该放在烤箱里热？这样晚餐吃什么我们就能心中有数了。这种感觉太棒了！羊肉砂锅，蔬菜通心粉汤，还有鸭肉炖菜都是我在这种情况下的首选。

幸福清单

———————

❑ 记住，安全感有各种各样的形式，要确保家里有地方让你感到安全，这当然也包括有一个"防维京海盗"的椅子。

❑ 一个 Hygge 之家应该有独处的空间，也应该有社交的空间。创建不同的"公共—私人"空间，确保家里有适合社交活动和高质量独处的地方。

❑ 记住从"人体尺度"看问题。想想要为家里添加什么东西能让你看到它就忍不住笑出来。

❑ 为 Hygge 做好储备。想想外面有风暴的时候，怎么样才能把家里弄得舒舒服服的。比如，接下来要下三天三夜的大雪，这三天你都不能出门，你会在储藏室里囤些什么呢？

第三章
CHAPTER

3

———

给幸福打点光

六千多万年以前，恐龙突然灭绝了。原因是一颗不小的卫星撞上了地球，冲击波激起的灰尘遮天蔽日，地球好几年都没法接收到一丝阳光。在丹麦，我们把这样的天气叫"一月"。去年一月，我看了看接下来十天的天气预报，没有一天有太阳。丹麦的冬天就是这样，这也是为什么丹麦人一看到阳光就像飞蛾扑火一样赶过去晒。我有个惨痛的经历可以证明。

十五年前，我去锡耶纳参加别人的婚礼，住在郊外一座乡间别墅。婚礼那天我起得很早，客人们都还没醒。我下楼来到厨房，弄好咖啡机，点燃炉子，准备给自己做个早饭。厨房只有一个小小的窗户，透过它我能看到秋天金黄的田野和湛蓝的天空。我感觉不错，想呼吸一下新鲜空气，于是就把头伸出了窗外。结果，我的头被卡住了。最后我不得不把窗户打碎才把头收回来。这么一来，住在那里的客人都被我吵醒了。更糟的是，婚礼上还有人故意在我伤口撒盐，给我起了个外号：刀疤脸。从这件事可以看出，阳光对丹麦人有致命的吸引力。

春天一到，丹麦人就从冬眠中苏醒过来，仿佛变成了一只只猫，在城市的各个角落晒太阳。不过，喜欢阳光的也不只有丹麦人。

买房的时候，自然光是人们考虑最多的一个因素。人们都

喜欢有自然采光的室内空间，也愿意为之付出更多的钱。麻省理工学院房地产创新实验室（MIT Real Estate Innovation Lab）做过一个关于办公空间自然光价值的研究。在 5145 个位于曼哈顿的办公场所中，排除其他影响租金的因素，自然采光在租金中的溢价为 5% 至 6%。

众所周知，影响房价的因素主要有三个：地段，地段，还是地段。但谈到 Hygge 之家时，这三个因素就变成了：采光，采光，还是采光。把自然光引入室内，最大化利用自然光，减少人造光源，既可以省钱，也保护环境。因此，要确保你有一个靠窗读书的地方。

我们幸福研究院当然也研究了光照与幸福之间的关系。我们发现，以 10 分为满分，家中光照分数在 7 分以上的人幸福感要高出 11.7%。而且，如果人们对家中采光感到满意的话，他们对自己家感到满意的可能性会增加 10%。有研究表示，光照会增加空间感，要想把狭小逼仄的空间变得宽敞一些，多安一个窗户是很好的办法。除此之外，太阳光对我们的睡眠和健康都有重要影响。

昼夜节律

————

1879 年，爱迪生发明了电灯泡。现代人只需要动动手指打开开关，就可以立刻点亮房间。获得光照变得如此容易，以至于我们渐渐忘记了太阳光对地球生物的影响。现在让我们把时钟拨回到爱迪生发明电灯泡之前。

1729 年，法国科学家德梅朗（Jean-Jacques d'Ortous de Mairan）用含羞草做了一项实验。他注意到含羞草的叶子白天张开，晚上闭合。为了弄清楚是不是阳光让含羞草做出了反应，他把含羞草放在一个没有光的柜子里。结果他惊讶地发现，即便没有光，含羞草还是会按照昼夜变化开合叶片。德梅朗因此得出结论，在黑暗环境中，植物依然可以感知到太阳。这是人类首次发现"生物钟"的存在。

大约三百年后，美国马萨诸塞州的迈克尔·罗斯巴什（Michael Rosbash）的家中响起了电话声，当时是凌晨五点。"电话在这个时候响，通常是有人去世了。"迈克尔后来回想说。不过，幸运的是，那个电话是诺贝尔奖评选委员会主席打来的，通知他和他的两个同事——缅因大学的杰弗里·霍尔（Jeffrey

Hall）和洛克菲勒大学的迈克尔·杨（Michael Young）因"长达数十年对昼夜节律（Circadian Rhythm）的研究"获得诺贝尔医学奖。昼夜节律在拉丁语中的意思是"关于一天"。他们三个人发现了动植物和人类是如何把自己的生物钟和地球的自转同步起来的。

昼夜节律的精妙之处在于它使生物可以预知太阳的起落，而不仅仅是根据太阳的起落做出相应的反应。这一点，德梅朗搞错了。不是太阳升起来，我们才做出反应，而是我们知道太阳马上就要升起来了，于是提前有了反应。所有动植物都受昼夜节律的影响，我们从这里可以学到很多东西。

昼夜节律其实是我们的生物钟，它决定了我们身体在一天中分泌的各种激素，其中就包括跟睡眠有关的褪黑素。总之，格洛丽亚·埃斯特凡（Gloria Estefan）说得没错，昼夜节律把你拿捏得死死的。简单说就是，太阳光会让我们在正确的时间醒来，让我们在晚上睡得更香，同时还直接影响我们的情绪和健康。

"季节性情感障碍"（Seasonal Affective Disorder，SAD）一词首次出现于20世纪80年代中期，指的是在每年同一时间出现的抑郁或情绪失调的症状。然而，早在1806年，法国医生菲

利普·皮内尔（Philippe Pinel）就在他的精神病学论文中指出，在 12 月和 1 月的寒冷天气里，他治疗的某些精神病人的病情会加重。如今，我们已经开始使用光照疗法减轻季节性情感障碍者的症状，每天让他们接受 30 分钟的人工光照，光照强度为 1 万勒克斯，持续一到两周。我们在幸福研究院也用光疗箱来做过实验，不过即便是我那些最喜欢阳光的同事也只用过一两次。所以，现在它成了我们幸福博物馆其中一个房间里的大灯。

日常生活中，我们每天在户外的时间不过几个小时，工作日的话就更少了，尤其在丹麦的冬天，平均每天只有七分钟的日照时间。所以，我们要好好利用周末去享受阳光。在一周的工作时间里，找个靠窗的工位是个不错的选择。最近，丹麦奥胡斯大学医院在奥胡斯 3000 名上班族中做了一项关于日照和抑郁症关系的调查。结果显示，每天户外活动两小时的人患抑郁症的风险要低 40%。在丹麦之外的其他国家，抑郁症同样与缺乏日照有关。

2002 年至 2003 年，世界卫生组织做了一项调查，以提升人们对住所和身心健康关系的认知。调查涉及了欧洲八个城市，包括立陶宛的维尔纽斯（Vilnius），葡萄牙的费雷拉 – 杜阿连特如（Ferreira do Alentejo）等。

来自 3373 个家庭的 8519 名居民参与了调查。调查涉及 290 个问题，其中包括：去年有没有想念阳光的时候？有没有因为光照不足在白天也开灯的情况？还有一些问题涉及参与者的健康状况，比如：是否有睡眠障碍、不愿社交、自卑或食欲不振等症状？

调查结果显示，家中自然光不足的人患抑郁症的风险更高。在受访者中，有 13% 的人有抑郁倾向，他们要么被确诊为抑郁症，要么有三种或三种以上抑郁症典型症状。在排除其他与抑郁相关的因素后，结果显示，家里采光不足的人被确诊为抑郁症的概率要比其他人高出 40%。有三种或三种以上抑郁症典型症状的受访者与精神健康的受访者相比，称自己住处采光不足的概率要高出 60%。

丹麦哥本哈根里格斯医院（Rigshospitalet）最近研究发现，住在背阴病房的抑郁患者平均需要 59 天出院，而住在向阳病房里的抑郁患者平均只需要 29 天就可以出院。医院最近开始用"动态灯光"模拟自然光做实验，看人造光对抑郁患者有没有相同的效果。丹麦其他 30 多家养老院也启用了"动态灯光"，效果显著。在不远的将来，一定会有更多地方用人造光模拟自然光，来安抚抑郁患者的心绪。

你可能会说，好了，迈克，你说的我都懂，太阳光是好东西，别列举那么多研究成果了，你就告诉我怎么能获得更多阳光吧。

没问题，你先放松一下，其实有很多方法可以给家里带来更多阳光。我们先来看看西方古典时代唯一流传至今的一部建筑学著作——《建筑十书》。这本书是古罗马建筑师维特鲁威（Marcus Vitruvius Pollio）在公元前 30 年到公元前 15 年间写的十本书的合集，内容涵盖了城市规划、寺庙建设、引水渠建设、阿基米德式螺旋抽水机，以及各种攻城器械的设计等。《建筑十书》是维特鲁威献给恺撒·奥古斯都皇帝的建筑项目指南。

说起维特鲁威这个名字，你可能会想到达·芬奇的画作《维特鲁威人》，这幅作品勾勒出了完美的人体比例。（事实证明，我那怪异的长臂与完美比例相去甚远。不过，我可以够到架子上面的曲奇饼干罐。对不起，维特鲁威，曲奇没你的份了！）

维特鲁威认为，好的建筑应该遵循三个原则，即坚固、实用和美观，这三个原则现在被称为"维特鲁威建筑三原则"。在书里，他谈及了屋里的光照、窗户的设计等内容。你知道的，在一个长长的房间里，离窗户远的那一头肯定更暗。

要让房间光照充足，维特鲁威建议房间的长度最多为窗户高度的四到五倍。如果窗户有一米高，房间长度在四到五米是比较合适的。不过如今，大多数建筑师还要考虑楼层与窗户的比例，因此，当我们想增加房间采光时，还要考虑多方面因素。

设计幸福

————————

增加房间自然采光要注意的七件事

勤擦窗户，修剪植物

　　窗户上的污垢会减少透过窗户的光线，还要注意室外绿色植物对室内光线的影响，及时修剪门窗周围的植物。也可以考虑使用较细的窗框，增加玻璃的面积。

亮晶晶，透光强

　　有光泽的材料会将光线进一步反射到室内。镜子或玻璃橱柜会将光线反射得更远。合适的地板也可以作为反光板来反射光线，瓷砖或大理石比地毯反射的光线更多。

使用正确的色彩

　　北欧极简主义风格的房间，墙一般都刷成白色。部分原因是白色能反射更多光线，让空间显得更加亮堂。

高度至关重要

　　窗户越高，室内越明亮。因为高处的窗户可以让更多光线射入室内并散射开来。如果窗户的位置很低，射入的光线只能照亮窗户附近的区域。这也是为什么离地面越近的窗户通常比较大，而高处的窗户通常比较小。

拆除隔断

是不是用半面墙或一个简单的隔板就够了呢？认真考虑一下，你是否真的需要一面顶到天花板的墙，还是说可以把顶部空着，让光线透进来。

考虑天窗

比起普通的窗户，天窗可以带来多一倍的光照。有些房间由于朝向问题，普通窗户根本无法改善其采光情况，但天窗却可以发挥作用。然而，天窗有一个缺点，就是你无法选择它的朝向，也就是说，除了一小片天空，它无法让你看到外面的其他景色，所以要好好考虑一下。

做好平衡

在做好采光的同时，也要考虑留出足够的隐私空间。大窗户固然可以带来很多光照，但我们也需要隐私。要实现这一点，你可以将窗户做得高一点，或者在室内或室外用一些植物做遮挡。

设计幸福

————

用光照做设计

阳光对我们的幸福至关重要，所以设计和装饰家里的时候不妨把采光考虑在内。把家具放在窗户附近，好让你可以经常沐浴在阳光中。想想吧，这样的生活是多么完美：办公桌在窗户边，随着初升的太阳，你开始了一天的工作。晚餐时，你可以透过桌边的窗户看到正在落山的夕阳。总结起来就是，跟着你的猫走就对了。哪里有阳光，就在哪里坐下。至于要不要像猫一样打呼噜，那就随你了。

用光照"哄"孩子

"我之前从没想过光会对孩子造成什么影响。"丹麦奥胡斯市弗雷德里克堡学校（Frederiksbjerg）的老师海蒂说。

"总的来说，'北极熊'是一个很不错的班（澄清一下，'北极熊'是这个班的名字，北极熊不在丹麦读书，它们都在格陵兰岛），唯一的问题是有些学生在天快黑的时候很难集中注意力。"

海蒂解释说："很难集中注意力的体现就是有的孩子开始在地上打滚。吸顶灯开着时，孩子们会认为他们可以躺在任何地方。而当我们换成吊灯时，他们却像飞蛾一样被光吸引。这时，他们便意识到该做作业了。教室里的吊灯是一个个单独的灯泡，从天花板上垂下来，将光线聚焦在课桌上。"

在海蒂看来，这些吊灯创造了一个个专注的空间，使孩子不被周围环境所干扰。"他们会和同一盏灯下的同伴交流，自发形成一个个小群体。不过是换了个灯，就发生了如此大的变化，太出乎我意料了。"

"这些吊灯发出的光比吸顶灯更温暖，营造的氛围更舒适，会让孩子们想起自己的家。"海蒂继续说，"他们每天要在学校待那么长的时间，我们应该让他们在这里感到舒服自在。"

这些光不仅对孩子们有好处，对老师也一样。孩子围着桌子坐在吊灯周围的时候，教室里的噪音就会降低。学校曾参加了一项由范米尔（Imke Wies van Mil）主持的实验。范米尔在读博期间，与亨宁·拉森建筑师事务所、丹麦皇家美术学院（KADK）合作，研究了如何用以人为中心的设计方法创造更好的学习环境。

范米尔在研究中关注的问题之一就是学校里的噪音。她测量发现，在四间教室中用吊灯替代白色吸顶灯之后，大约有75%的环境噪音降低了1到6分贝。对人类来说，1分贝的噪音几乎很难察觉，但3分贝就能明显听出来，而6分贝就更加显著了。降6分贝就相当于将餐厅里闹哄哄的音量降低到在家中谈话的音量。

从弗雷德里克堡学校的经验中，我们了解到灯光是如何影响人们的行为，以及在设计房间灯光时需要考虑的因素。

在做采光设计时，你可以考虑光的四个维度：空间维度、时间维度、光谱维度、光强维度。空间维度指的是光在视野中的分布；时间维度指的是光在不同时间内的变化——早上亮一些，晚上暗一些；光谱维度指用有色光还是白光，用暖光还是冷光；光强维度指光的绝对强度，是亮一些，暗一些，还是介于两者之间。

在为特定房间选择灯具时，一定要先想想该房间的功能是什么，想想办公的地方和家里的客厅在采光上应该有什么不同。办公室大多采用比较明亮的白色光，光照相对恒定、均匀；而客厅一般会用更温暖、多彩、分散的光源。

买灯时我们常犯的错误是，只顾着选灯，而忘记考虑"光"。我们光顾着看灯的外观，却没有注意到它发出的光是什么样的，以及这盏灯的具体功能。

我们需要考虑的是，这盏灯将要放在哪里，用来干什么，以及营造什么样的氛围。柔和、温暖的光适合浪漫晚餐或是饭后小酌，而洗碗的地方则需要明亮的光才能看清碗筷有没有洗干净。

在同一个房间我们可能会做不同的事情。比如我，可能会在餐桌上吃饭，也可能在那儿写点东西，或者缝夹克上的扣子，这些活动需要不同的光线。用不同的灯具来满足特定需求是个好主意。用吸顶灯提供日常照明，需要的时候，可以用台灯补充一些聚焦光，或者使用一些氛围灯。

并不是所有房间都容易照明：光亮的地板或金属桌子可能会反射光线；天花板略低可能就不适合悬挂吊灯；横梁可能会遮挡光线。但世间灯具千万种，总有一种可以让房间变得Hygge。只需找到合适的灯，然后轻轻一按开关。

设计幸福

————

灯光的选择

在选择灯具之前，了解灯光的类型至关重要。以下是灯光的四个主要类型以及实现它们的最佳方法：

扩散灯光

主要用于房间的整体照明。可以选用吸顶灯，以及带有玻璃罩或宽松织物罩的壁灯。

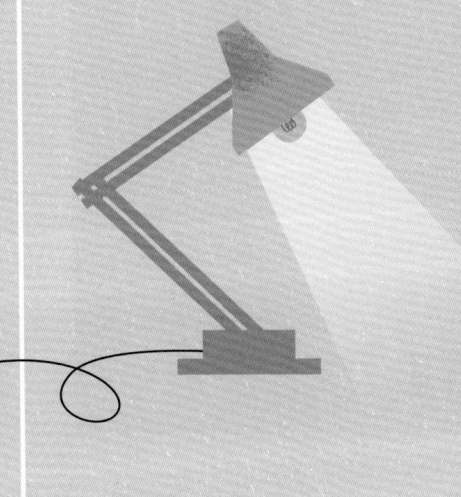

聚焦灯光

主要用于你的工作台，或者需要吸引别人注意的地方，比如油画或照片。可以选用金属制或带织物罩的射灯。

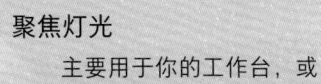

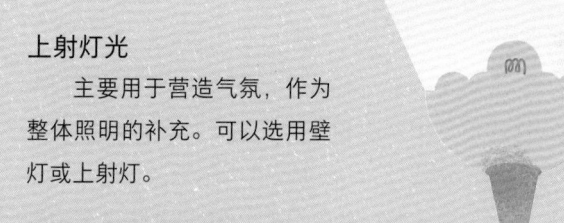

上射灯光

    主要用于营造气氛，作为整体照明的补充。可以选用壁灯或上射灯。

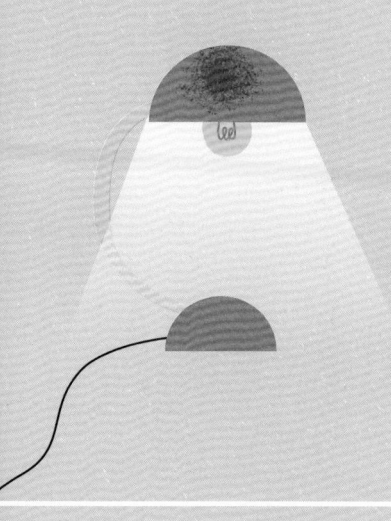

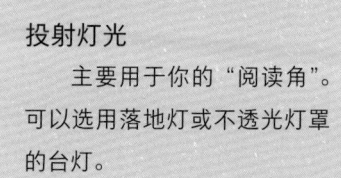

投射灯光

    主要用于你的"阅读角"。可以选用落地灯或不透光灯罩的台灯。

极致 Hygge 的 "光之岛"

————

　　Hygge 是一种氛围，而光是营造这种氛围的重要工具。要实现这样的氛围，有一个秘诀就是多使用向下的暖光光源，用小光源形成的"光之岛"营造出温暖、平和的氛围。与之相反，大型水晶吊灯会让房间显得冷冰冰的，如果天花板和墙体是白色的话，更是如此。

　　请记住，你可以组合使用吸顶灯、桌面台灯和落地灯来满足你在一个房间里的不同需求。吸顶灯很少会给你一种 Hygge 的氛围，但它在你打扫屋子的时候很有用。所以选择灯光的时候最先要考虑的就是这个房间的功能，即你想在这个房间做些什么。

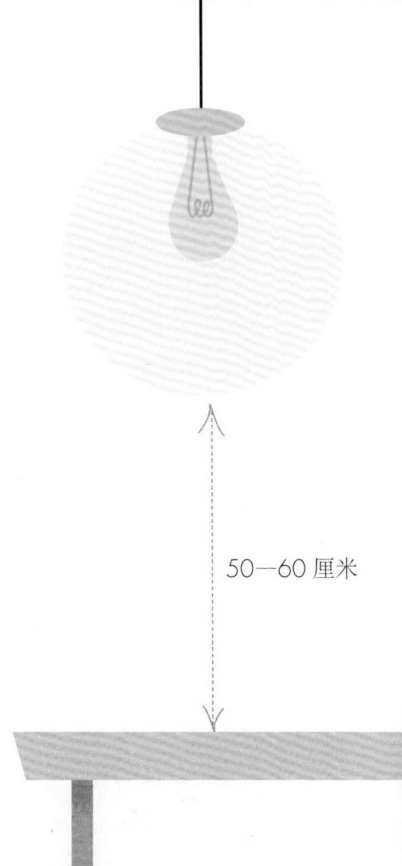

餐桌灯——如果是吊灯的话，它距离餐桌的高度应该在 50 厘米到 60 厘米，这样灯光不会直射眼睛，也不会遮挡视线。你应该希望和其他人有视线交流。

50—60 厘米

餐厅灯——如果餐桌很长的话，我建议放两盏吊灯，否则就用壁灯或落地灯，它们的光是柔和向上的，而不是明晃晃自上而下的。

浴室灯——确保镜子旁的光线能准确地照出事物真实的颜色。有一次，我把自己打扮成蓝精灵去参加一个化装舞会。派对结束后，我在浴室镜子前洗脸上的蓝色油漆，但那里的光线有欺骗性，让我看不清自己到底洗没洗干净，导致第二天每个人都问我为什么脸发青。

卧室灯——和大多数房间一样，卧室最好也要安一盏吸顶灯，方便你打扫卫生。除此之外，我觉得床边还应该放两盏暖光台灯，营造安静平和的氛围。最好是带把手、方便移动的，这样你在床上读书时就不会影响你的伴侣了。

办公室灯——确保你电脑屏幕亮着的时候和房间的光线没有太大的对比度，否则眼睛会很容易累。虽然 Hygge 很重要，但工作的时候还是需要聚精会神。所以我建议办公室的灯要足够亮，另外还可以用桌面台灯提供聚焦的灯光。

客厅灯——注意房间的死角，它们会使房间显得局促。不过这个问题也很好解决，放一盏有趣的灯就好了（那些古董店里让你爱不释手的花哨灯都可以放在这里）。这些角落好好利用的话可以让家里的 Hygge 值爆表，我建议多使用向下的射灯。

小家之上：用光照亮整个小镇

——————

尤坎（Rjukan）是一个拥有 3000 居民的小镇，坐落在挪威南部两座山之间的山谷底部。由于这两个高耸的邻居，该镇每年只有半年的时间可以照到阳光。在另外的半年里，镇上的人只能隐约看到北边山坡上的阳光，而那束光从来不会照到镇上。因此，这里的居民经常谈论太阳：太阳什么时候回来？最后一次看到太阳是什么时候？

挪威一家石油公司花钱为这个小镇建了一条缆车线，居民可以在冬天坐缆车到高处的山坡上晒太阳。最近，住在这个小镇上的艺术家马丁·安德森（Martin Andersen）还想到了另一个让人眼前一亮的主意——用巨型镜子照明。

三块有 17 平方米的镜子被安装在小镇旁边的山上，它们随着太阳的照射轨迹移动角度，将阳光反射到小镇中心的广场上。这样一来，即便在一月份，从正午十二点到下午两点，你至少有两个小时可以在这里看到阳光，以及一群面带微笑的人。

幸福清单

———

☐ 阳光对我们的健康至关重要。所以，在设计我们的幸福空间时，自然光应该被视为一个关键工具，要尽一切可能增加室内的自然光。

☐ 在家中选择人造光源时，要考虑到四个维度：空间维度、时间维度、光谱维度、光强维度。

☐ 灯光能营造氛围，从而影响我们的情绪和行为。温暖、柔和的投射光可以让家更 Hygge，要好好利用起来。

第四章
CHAPTER

Hygge 需要足够
的空间

在丹麦和英国，平均每人拥有 1.9 个房间；加拿大人享受的空间要大得多，平均每人 2.6 个房间；俄罗斯要少一点，平均每人 0.9 个房间；从欧洲和北美的角度来看，平均每人 1.9 个房间是最常见的。

然而，随着伦敦、哥本哈根以及世界各地的租金上涨，住在合租公寓里的不再只是学生。在大城市，住在合租房（多个家庭共享厨房或浴室）的人数正在增加。根据 Inside Housing 的数据，2012 年至 2020 年间，合租房数量增加了 20%。

刚刚成立幸福研究院的时候，我也是合租人群中的一员。那时候我已经 30 多岁了，还需要和两个室友共同分担房租。

虽然与他人一起生活也有好处，但过度拥挤的空间会对我们的健康造成负面影响——无论是身体还是精神上。在新冠疫情期间，这一点尤为明显。

西尔维娅住在伦敦南部的克罗伊登镇，她和四个不认识的人合租一套公寓。疫情期间接受采访的时候她说："一有人咳嗽我就会害怕，我尽量待在自己的房间里，但是厨房和卫生间是公用的，我免不了要和别人待在一个空间里。"

新政策研究院（New Policy Institute）的一项分析显示，英国最拥挤的五个地区的冠状病毒病例比最不拥挤的五个地区多70%。我们很容易看出其中的原因：拥挤的生活空间无法让人与人之间保持安全的社交距离。而那些住在大房子里的人却还有空余的卧室和多个卫生间。因此，当好莱坞明星在他们的豪宅里演唱约翰·列侬的《想象》来试图帮助人们渡过疫情难关时，很多人并没有受到触动。

在疫情期间，我们幸福研究院做了一项纵向研究。"纵向"指的是"追踪"，意思是在一段时间里追踪一组人，来观察他们幸福感的变化。

我们的研究从 2020 年 4 月 13 日的基线调查开始，之后我们每周至每月对同一组人进行跟踪调查。在疫情大流行发生后的三个月内，我们一共进行了六轮调查，收集了 97 个国家 4000多人的 11000 个数据。

我们问了参与者很多问题，比如与多少人合住，房子有多大等，以此了解他们的生活状况。我们发现，空间越拥挤，人们对生活的满意度就越低。例如，在人均面积超过 75 平方米的家庭中，约 74% 的人表示对生活感到满意；而在人均面积低于75 平方米的家庭中，只有 67% 的人有满足感。有趣的是，这

空间大小对幸福程度的影响

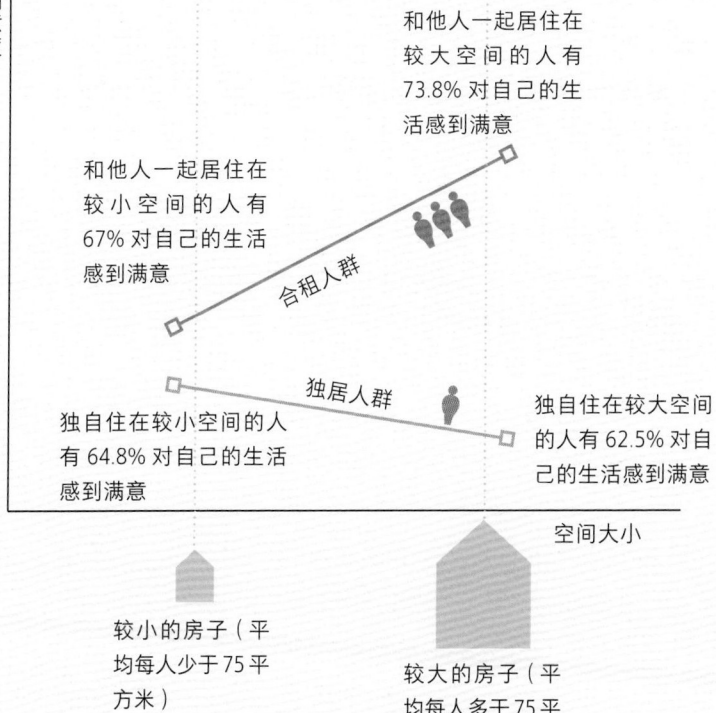

满意度

和他人一起居住在较大空间的人有73.8%对自己的生活感到满意

和他人一起居住在较小空间的人有67%对自己的生活感到满意

合租人群

独居人群

独自住在较小空间的人有64.8%对自己的生活感到满意

独自住在较大空间的人有62.5%对自己的生活感到满意

空间大小

较小的房子（平均每人少于75平方米）

较大的房子（平均每人多于75平方米）

类人通常为合租人群。独居人群则表示，他们拥有的空间越大，幸福感越低。

家居空间对我们的影响不仅限于疫情期间。在疫情之前，我们曾为家居零售商翠鸟公司（Kingfisher）做过一项研究，对13480个家庭进行了分析，发现了影响人们家庭满意度的因素。例如：缺乏自然光线、空气质量不佳、缺乏绿地等。

人的基本需求必须得到保障。如果空气质量不佳，空间过于昏暗或寒冷，我们就很难对自己的家感到满意。事实上，这些因素可能会威胁到我们的身心健康，这又回到了马斯洛需求金字塔的第二层，也是很关键的一层——如果缺乏安全感，我们便难以感到快乐和满足，也就无法实现自我。

在我们调查的十个国家中，有9%的人称家里的空气质量很差，16%的人对家中温度不满意。在所有因素中，空间不足是最普遍的问题：20%的受访者表示家里没有足够的地方。这似乎是对幸福感影响最大的因素。

杂乱无章的环境会带来压力。有些人觉得家里显得拥挤是因为房间太小，但其实关键因素并不是房屋大小，而是"宽敞感"。

在调查过程中，我们让受访者客观地回答两个问题：他们的房子有多大（多少平方米，有多少个房间），以及是否觉得家里宽敞。当我们分析来自 13480 个家庭的数据时，发现大多数人认为"房子越大越幸福"的观点其实是错误的。

是的，房子越小，越杂乱无章，我们就越难感到幸福，但房子大小和房间多少只在一定程度影响我们的幸福感。比起房子的实际大小，更重要的是我们对房子空间的主观感受。

换句话说，房子的客观大小与它给人的主观感受并不完全相关，一个大房子有可能让人感到狭小，一个小房子反而有可能显得宽敞。

设计幸福

增加空间，而不是增加面积

我们对空间的感知，与我们如何设计和布置我们的家紧密相关。因此，问题不在于我们如何获得一个更大面积的家，而在于我们如何通过设计提升家的"宽敞感"，从而增加内心的幸福。

根据房间的大小选择家具

如果房间较小，那么放置一张大沙发很容易造成空间拥挤。因此，我们需要认真测量房间大小并做出合理的安排。可以考虑组合式沙发，先将它们分成几个部分，然后根据房间布局来摆放它们。如果你住的公寓楼没有电梯，这种沙发就很适合你。

想想房间或家具是否兼具多个功能

如果你有朋友从外地来暂住，你就需要把客厅变成客房。可以选一张可折叠的床，在不需要的时候收起来。重视空间的多功能性，让它为你带来更大的价值。

阳光多多益善

正如我前面所说，自然光可以增加"宽敞感"。改善采光方面，低成本的解决方案是定期清洁窗户或增加一面镜子，或者也可以考虑添加天窗。想想是安百叶窗，还是在普通窗户上安窗帘，要知道，又长又重的窗帘会占用宝贵的墙面空间。若是在较大的房间，它会给人温暖的感觉，但在狭小的空间里，它只会显得多余。

利用垂直空间

不要只看平面，要学会利用立体空间。架子可以更高一些吗？孩子们的床可不可以再高一些，好把床底设计成他们玩耍的地方？能不能把楼梯下面的空间改造成游乐天地？网上有层出不穷的绝妙解决方案，多去找找灵感吧。

室内考虑使用推拉门

如果家里空间不足，可以将一些门换成沿固定轨道滑动的推拉门，这样就能省下平推门在开门关门时所用的空间。厨房和饭厅之间使用推拉门，能省下更多的空间放餐桌和橱柜。但要注意的是，推拉门的隔音效果没有普通门那么好，所以在选择卧室门时，最好不要用推拉门。

"一进一出"原则

按"一进一出"的原则管理家里的东西。如果要添置一件东西，就先丢掉一件。理想情况下，你替换掉的只能是你确实喜欢使用且已经坏掉的东西。这样一来，抽屉里就不会堆满陈旧、破损、毫无意义的物品了。

断舍离之前

———

小时候，我家有一本食谱，翻开就是做煎饼的那一页。是的，我是煎饼的忠实粉丝，幸福有多种形式，煎饼就是其中之一。

这就是为什么今天早上附近超市的一则广告会引起我的注意。那是一个面糊分配器的广告，上面有一个看着香喷喷的煎饼。"每次都不多不少刚刚好！"广告上说。制作煎饼时，您可以将面糊精确地按量倒入平底锅中。

煎饼忽大忽小肯定会影响它的味道，对不对？太可怕了！洗碗的时候多洗一个东西算事儿吗？不算！所以赶紧把这个面糊分配器买回家吧！然后让它在厨房吃十年灰，最后不得不把它处理掉。

你一定听说过近藤麻理惠的"人生整理魔法"。她建议你在整理衣物的时候，把它们摆在地板上，用手一一触摸它们。如果在触摸某一件的时候你感受不到喜悦，那就对它说声"谢谢"，然后把它扔掉或捐掉。

更环保的方法是办一个"告别派对"，跟那些不再需要的东西告别。我上次搬家的时候，翻出来不少已经很久没用过的东西。于是一天下午，我邀请了几个朋友来家里喝咖啡吃蛋糕。我把自己不再需要的东西摆出来，让他们随意挑选。不用说，这些东西都很顺利地找到了新家。

不过，我认为我们可以做得更好。知道什么会让人感到喜悦吗？少买点垃圾东西。最开始就别买那个面糊分配器。我们都见过香烟盒子上的警告贴纸。我认为很多东西都需要这样的贴纸：此物已获得"不会让你开心"认证。还是本杰明·富兰克林说得好：廉价的甜头你很快就会忘记，但劣质的苦会在你心中长驻。

狄德罗效应：为什么我们总想拥有我们并不需要的东西

———

18 世纪，法国哲学家狄德罗写了一篇文章，讲述了自己一次不愉快的经历，一切都源于他得到的猩红色长袍。狄德罗一生清贫，直到把自己的藏书卖给凯瑟琳大帝后才得到一笔巨额财富。此后不久，他得到了这件长袍，这非但没有使他开心，反而让他十分痛苦。

那件长袍很奢华，他觉得自己房间里的其他东西都配不上它。你可能也有过这种经历，买了一件新衬衫后突然发觉自己的裤子又破又旧；或者新买了一张沙发，然后发现茶几也需要升级了。

狄德罗在自己的文章《惜别旧长袍》里写道：周围的一切都不再和谐。于是，他开始买东买西，一面镜子，几张油画，一张大马士革产的地毯，几尊雕塑，一个造价不菲的座钟，一张书桌，还有一把皮质座椅（毫无疑问，旧的椅子被扔到储藏室了）。简单说就是，他几乎把整个房子重新装修了一次，而这一切都是因为那件猩红色长袍。

狄德罗效应指的是，在没有得到某种东西时，你的心里很平衡，而一旦得到了，却不满足了，即当你买了一件新东西之后，它会让你产生更多的消费欲望，让你购买更多你并不需要的东西。

这就是为什么宜家的"汉尼斯"家具系列有床、床头柜、梳妆台、展示柜、鞋柜等。而且宜家会用这一系列的家具做成样板间展示给顾客看。买了"汉尼斯"沙发之后，我们面临的问题就成了：是忽略"汉尼斯"沙发的召唤，还是屈服于这种召唤，把整个系列的家具都买下来？换成狄德罗的话就是：我曾经是我旧长袍的绝对主人，但现在，我成了新长袍的奴隶。

所以，不要买你不需要的东西，把钱省下来去投资股票吧。股票行情虽然时好时坏，但综合历史数据，平均年化收益率也有7%，而且由于复利的魔力，你投资股票的钱每十年就会翻一番。30年后，你投资的1000美元就会变成8000美元。

我们买新东西通常是因为与之相关的幻想。我们想拥有一个幸福的家庭，和孩子们一起烤煎饼，其乐融融，所以才买了那个面糊分配器。我们想着有了这个东西之后，肯定会更经常做煎饼，毕竟，谁愿意在杂乱的厨房满头大汗地找各种东西，辛苦地摊煎饼呢？

获得别人的认可，是因为我们的生活，而不是所拥有的东西。记住，有故事可讲比只能展示一个冷冰冰的东西要好。

设计幸福

————

断舍离之前

当我们了解了狄德罗效应，就更要时刻留心自己的行为。一旦出现想要消费的念头，最好先考虑以下几点：

假装你要搬家

普通丹麦人一生中平均要搬六次家，我到现在为止已经搬过十次家了。因此，当你考虑要不要买新东西的时候，先想想你愿不愿意把它包好，装进纸箱，搬上货车，然后再从车上搬下来，扛到新家。这样的过程经历六次，你愿不愿意？对我来说，如果是对我意义重大的纪念物，我肯定会斩钉截铁地说"愿意"。如果是个面糊分配器，那就另说了。

想想你可以用省下来的钱来做什么

如果不买东西，你就可以把省下来的钱用来投资，有了更多的钱，你就可以少工作一些，也就有更多时间做更幸福的事（比如和家人一起摊煎饼，当然是自己动手摊，而不是用面糊分配器）。

想想时间成本

　　亚马逊网站上有一个足球形状的狗狗玩具，售价 41 美元。广告上说这个玩具可以增强狗狗的意识，防止狗狗啃家具。此外，这个玩具弹力很好，你可以在院子或公园和狗狗玩投掷游戏。嗯，院子或公园。等一下，你知道在院子或公园里我们还可以扔什么东西吗？随处可见的木棍。

　　你可能会说，也就 41 美元，我也不差钱。但是，你需要工作才能赚到这些钱。我在面包店打工的时候，上的是午夜到早上的夜班，每小时工资大约是 120 丹麦克朗，约 20 美元。我需要工作两个小时才能赚到 41 美元。然而，丹麦的税率大约是 50%，因此实际上我必须工作 4 个小时才能赚到买这个玩具的钱。再加上我晚上骑车去面包店的时间，一共就需要 4.5 个小时。有这 4.5 个小时，我和我的狗一起玩不好吗？你觉得你去上班和陪它玩，哪个会让它更开心？看，那儿有根木棍！

　　亨利·戴维·梭罗（Henry David Thoreau）说过：一个东西的成本就是你用来换取它所花费的时间（即生命）。

　　当然，如果这样想过之后，你还是愿意花 41 美元买那个足球形状的狗狗玩具，那就买吧。这样的思考过程会帮助你区分哪些东西是真正有价值的，哪些东西并不是你真正需要的。

小心别人偷换 Hygge 概念

————

　　我最喜欢的电视剧之一是《广告狂人》（ *Mad Men* ），讲的是关于 60 年代美国广告业的故事。主人公唐·德雷珀宣称："广告只关乎一件事：幸福。"所以看这部剧可以算作是我的工作，我看的时候毫无负罪感。

　　在《金色小提琴》这一集中，广告公司负责人伯特伦·库珀指出了广告业的基础。他指着刚刚买下的一幅罗斯科（Rothko）的画作说："人们买东西是为了实现自己的抱负。"事实上，很多广告都是以幸福作为创意主题。广告中幸福的概念是如此普遍，以至于可口可乐公司在 2016 年取消了从 2009 年就开始使用的口号"开启幸福"，因为幸福的概念被过度使用了。

　　资本主义面临的最大威胁是：每个人都过上了幸福快乐的生活，没有任何出门购买新东西的欲望。换句话说，从资本主义的角度看，待在家里舒舒服服、快快乐乐就是一种反叛行为。但这却是 Hygge 的真谛，不用花多少钱就可以开心，在一种温暖舒适的气氛中享受简单的美好。

　　我认为我们能教给孩子最好的东西，就是让他们明白不用花钱也能找到快乐和幸福。而幸福研究院重点关注的领域之一就是如何用最少的钱得到最多的幸福，将幸福与财富脱钩，并有效地将财富转化为幸福。我相信，Hygge 是关键组成部分，因为它不需要你钱包鼓鼓。Hygge 就是物尽其用，与奢侈和浪费毫不相干。

不过，当 Hygge 这个概念走出丹麦、传向世界的时候，有些东西在翻译过程中丢失了。我之所以想到这一点，是因为有位美国记者问过我一个问题："如果我想 Hygge 的话，首先应该买点什么？"

随着 Hygge 日渐流行，一些公司试图顺应潮流推销产品。比如在快递纸箱和产品包装上印上"Hygge"字样，但在我们丹麦人看来，这些东西其实和 Hygge 风马牛不相及。

正如夏洛特·希金斯（Charlotte Higgins）在《卫报》上指出："我在各种各样的广告上都见过 Hygge 字样，羊绒衫、葡萄酒、壁纸、素食馅饼、护肤品、狗狗玩具及瑜伽静修会、肯特郡的'牧羊人小屋'旅游套餐，等等。"Hygge 这个概念已经被各种商业公司劫持了，就像瑜伽和正念一样。什么概念一火，各种商业公司就会闻风而至，然后这个概念就变味了。

瑜伽火了之后，就有公司开始卖 100 美元的瑜伽裤。你的正念能力刚刚有所长进，就有公司开始卖与正念相关的餐具。只要

19.95 美元哦！现在你有没有感觉你正活在当下？我很高兴看到未来学家露西·格林（Lucie Greene）在《纽约时报》上发表的一篇文章，文章称 Hygge 是人们对"幸福运动"的一种反抗。"幸福运动"指的是那种"穿 100 美元的 Lululemon 瑜伽裤，喝 10 美元一杯的冷榨果汁"的生活，它处处散发着精英主义的味道。而 Hygge 的本质与昂贵的东西无关，它指的是一种氛围和感觉，它简简单单、普普通通，不需要花多少钱，有时甚至花钱少才会更 Hygge。

对 Hygge 的误读我们要说不，同时我们还成立了一个委员会，致力于让 Hygge 列入联合国教科文组织非物质文化遗产名录。在这个名录里，有西班牙的弗拉明戈舞、意大利的比萨饼烘焙、比利时的啤酒文化，而丹麦什么都没有。Hygge 委员会希望联合国可以将 Hygge 列入这个名录，以保存这个词的原始含义。是的，我是这个委员会的一员。是的，我们会一边吃甜点一边开会。虽然我们的第一次提名被否决了，但我们还会继续努力的。

因此，当你看到有些商品上有 Hygge 字样的时候，不妨停下来想一想这个东西是不是真的能改变家里的氛围，给你的生活带来快乐。如果答案是肯定的，那当然是买它！但 Hygge 并不意味着要拥有一切，它指的是和朋友们一起享受当下拥有的东西。你拥有什么并不重要，重要的是这件东西所营造出来的氛围能让一个地方有家的感觉。

从这层意义上来看，Hygge 就是一种古老的美德——节俭。它让我们向上一辈人学习，东西坏了不是扔掉买新的，而是修好继续用；衣服破了补补再接着穿；冰箱里有吃的就自己做饭，不要天天在外面吃。

绿色空间至关重要

————

对大多数生活在城市里的人来说，拥有一个完全属于自己的户外空间是一件很奢侈的事。在花园里烧烤、野餐，同时呼吸户外的新鲜空气，是和家人朋友度过美好时光的最好方式，是我们每个人梦寐以求的。不过，即便无法拥有自己的花园，我们依然可以通过别的方式创造这样的氛围。

我以前基本都住在没有花园的房子里，我发现在房间里放一些绿色植物可以提升房间的 Hygge 值。把植物放到房间，房间就和外面的大自然连接起来了。而且事实证明，绿色植物不仅对身体健康有好处，对人们幸福感的提升也大有裨益。

环境心理学家罗杰·乌尔里希（Roger Ulrich）于 1984 年在《科学》杂志上发表了一项现在看来具有里程碑意义的研究成果，证明了植物的疗愈能力。乌尔里希和其团队是最早应用现代医学研究标准（如随机对照和量化研究）的人之一。他们研究的是花园景观是否可以加速病人的术后康复。记住，那还只是 1984 年，现代医学研究还在发展当中。

研究小组查阅了美国宾夕法尼亚州一家医院的胆囊手术病人的康复记录。有些病人透过窗户能看到树，有些病人只能看到砖墙。在排除其他因素的情况下，研究人员发现，能看到绿色树木的病人平均康复时间会快一天，而且手术后并发症少，需要的止痛药也明显少于只能看到砖墙的病人。因此，我们在规划和设计医院时，不仅要考虑光照条件，还要考虑自然环境。

你可能会说："我当然希望窗外是大大的公园，而不是隔壁邻居家的外墙，可我买不起这样的房子啊！"

好消息是，乌尔里希在1993年又进行了另一项研究，这次是在瑞典的乌普萨拉大学医院。160名接受过心脏手术的重症病人被随机分配到不同的房间，这些房间的墙壁上贴有不同的装饰画。画上有的是林荫小溪，有的是阴暗的森林，有的是抽象的图案。还有些房间只挂了白色的镶板，或者只有空白的墙。

研究结果发现，在"林荫小溪房间"里的患者，焦虑程度要比其他房间里的患者低，需要的强效止痛药剂量也更少。

让我们明确一点，一张绿树成荫的溪流照片并不能治愈癌症，但研究表明，欣赏大自然的景色可以减少病人的疼痛和压力，从而增强免疫系统，让身心恢复健康。

要得出同样的结论，还有一种不那么科学的方法——登录Instagram，你会发现在"植物使人快乐"标签下的帖子超过了320万条。有研究表明，大量植物可以净化我们呼吸的空气，特别是金边吊兰、波士顿蕨和小榕树。照顾植物还可以减轻压力，调节情绪，因为你会把注意力从各种数字屏幕上转移到自然事物上，同时你还能在植物的成长过程中体验到乐趣。要知道，植物对你的好处远不止是让你的家变得好看。

想在家里营造更多的 Hygge 氛围，室内植物是必不可少的，但请记住，院子里也应该种满各种植物。空荡荡的草坪让人乏味，也不那么 Hygge。室内空间的设计原则同样也适用于我们的室外空间。

设计幸福

————————

充分利用你的绿色空间

要营造 Hygge 的氛围，我们既需要室内空间也需要室外花园。我们可以在不同空间里进行不同的活动，其中一项当然是在充满 Hygge 的花园里享受 Hygge 时光。

同样，这个原则也适用于城镇和街道设计。如果你能看到前方 1 英里（1 英里约等于 1.609 千米）处的东西，走起路来就没那么有趣了。看看中世纪欧洲城镇中心的那些弯曲街道，每个转角都让人有新的发现。你可以在花园里制造一点惊喜，创造一些小而舒适的空间，人待在里面就会感到更加惬意。比如说，你可以根据预算和花园大小，建造围墙，种植树木或树篱，还可以搭建一些临时的花架和凉棚。

如果你的阳台上有桌子和椅子，不妨再在它们周围摆一些盆栽，让空间变得更有格调。你可以把脚搭在桌子上看书，轻松自在地度过几个小时。

给城市更多绿色空间

近些年，世界各地的城市，特别是北美地区的城市，都在疯狂扩张。城市的地理范围迅速扩大，人口密度变小，人们出行过度依赖汽车。快速的城市扩张往往伴随着对城市规划的忽视，从而造成了诸多问题，比如交通拥堵加剧、空气污染加剧、交通事故率增加等。

丹麦哥本哈根的"手指计划"作为城市发展规划的典范闻名于世，正是因为它解决了上面这些问题。该计划在过去超过一代人的时间里指导了大哥本哈根城区的发展。第一个"手指计划"制定于 1947 年。

在该计划中，哥本哈根的老城区被视为"手掌"，作为整个城市的中心尚未被开发。计划的核心是哥本哈根要向外发展，并与铁路系统和公路网相连。"五指"则代表五个发展区域，"五指"间要留出绿地和休闲区，不进行城市开发。这样设计的目的是确保在"五指"上的新郊区居民只用走很近的路就可以欣赏到开阔的自然景观。即使住在城市，大自然也近在咫尺。

在这一点上，伦敦是另一个好榜样：伦敦全市拥有约 800 万棵树。最近，伦敦被授予了世界首个"国家公园城市"的美誉。这项新倡议是由"国家公园城市基金会"（The National Park City Foundation，NPCF）、"世界城市公园联盟"（World Urban Parks）和"萨尔茨堡全球研讨会"（Salzburg Global Seminar）合作发起的，旨在鼓励人们更多地享受户外活动，让城市变得更环保、更健康、更自然。他们希望在 2025 年前至少确定 25 个"国家公园城市"，目前已与英国一些城市和世界其他城市进行讨论，以帮助它们获得"国家公园城市"的称号。虽然并非每个城市都有这样的机遇，但该倡议体现了人们为了在城市中获得更多绿色空间所做的努力。因此，我们不要辜负他们的努力，尽情享受生活中的绿色空间吧。

小预算也可以过上好日子

世界上我最喜欢徒步的地方应该是丹麦博恩霍尔姆岛上的哈默克努登（Hammerknuden）和哈默斯胡斯（Hammershus）附近。哈默斯胡斯是"铁锤堡垒"（House of Hammer）的意思，它建于13世纪晚期，是斯堪的纳维亚地区最大的中世纪防御工事。它坐落在山顶上，俯瞰波罗的海，周围环绕着郁郁葱葱的森林和岩石山丘，当石楠在夏末开花时，那里的景色尤为令人印象深刻。在陡峭的悬崖脚下，退潮后，你可以看到"狮子"和"骆驼头"形状的岩石从海里升起。哈默斯胡斯附近还有几个小湖，"铁锤"湖、"蛋白石"湖和"水晶"湖，听起来像《指环王》里的名字。

在那里，杜松树的果实可以拿来做杜松子酒，野玫瑰果可以用来做果酱或酸辣酱，至于鸡枞菌长在哪儿，可是我的小秘密。湖对面的山坡上，山羊在岩石上睡午觉，绵羊在路边慢悠悠地吃草。绵羊一般不会挡你的道，只有当长着犄角的苏格兰高地牛迎面朝你冲来的时候，你才需要绕道走。博恩霍尔姆岛上的交通高峰期差不多就是这样。

有这样的景色，再加上清新的海风，随便走走都会身心畅快，因此，我最喜欢的活动就是徒步，无论是在博恩霍尔姆岛上背着背包和保温杯长途跋涉，还是每天傍晚在城市公园里散步。刚搬到哥本哈根的新家时，我做的第一件事就是在周围找有树和绿植的地方，然后根据这些地方规划我每天的散步路线。无论你住在哪里，附近肯定会有这样的地方，不妨试试像我一样？

Hygge 的生活和 Hygge 的家让我知道，幸福有时候并没有价格标签。要学会把自己拥有什么和自己的感受分开，无论身处何方都可以感到 Hygge。所以，当有什么活动不需要花钱或者只需要花很少的钱就能快乐时，留心一下。Hygge 的真谛就是小预算也可以过上好日子。家里的空间是用来生活的，而不是让你囤积欲望的。只有让你感到 Hygge 的地方才能称得上是"家"。

幸福清单

☐ 你能为家腾出更多的空间吗？帮那些你不再喜欢的东西找到新的归宿，比如运用断舍离前的"告别派对"。记住，不买不需要的东西才会给你带来真正的快乐。

☐ 注意"狄德罗效应"。留心别有用心的商家偷换 Hygge 的概念。不要相信商家所定义的 Hygge。记住，对 Hygge 来说，最重要的永远是人与人之间的关系和氛围，而不是你必须花钱才能买到的商品。

☐ 绿色植物是好东西，它已被反复证明对人的健康和幸福有积极影响，所以，给家添置一些绿色植物吧！

第五章
CHAPTER

5
——

为沟通而设计

如爱默生所说，一座房子最好的装饰就是经常来拜访的朋友。一个 Hygge 之家是一个充满亲情和友情的地方，是一个让人可以更好沟通感情的地方。它会为你抚平孤独，让你感到周围的人都会在你需要的时候帮助你。

我每年都会许下同样的新年愿望：希望在接下来的一年里，每个月都能邀请朋友来家里聚一聚。但由于出差、加班等，我总是无法实现这个愿望。

幸福研究中最没有争议的一个结论就是，人际关系对人的幸福感来说十分重要。它赋予生活以目标和意义，也是幸福配方中最主要的成分之一。无怪乎社交和归属感在马斯洛的需求层次理论中占据了核心位置。让我感到最有归属感的时刻，不是在米其林餐厅，而是在家里和朋友一起分享美食。

如果要让我通过一条宇宙法规，我会给每个人分配一个新的朋友，确保没有人因为没有朋友而感到孤独。在我看来，家和社区的设计对实现这一远大目标有重要作用。首先我们要考虑如何让人们碰面以及建立有意义的联系，然后要确保在这个过程中没有人被忽视。

餐桌上的幸福

———

我最喜欢的桌子是餐桌。餐桌是增进感情的利器。在充满欢声笑语的餐桌上，我们谈天说地，了解各自的生活和外面的世界，发展我们的语言，和所爱的人建立感情上的联系。在过去几年里，我对一个问题一直很感兴趣：我们如何才能吃得更好？当然这里的"吃得好"，不仅是从营养学的角度，还从幸福的角度。

好消息是，有很多研究都表明家庭聚餐可以大幅度提升人的幸福感。与家人一起吃饭，能增强人的归属感和沟通能力，减少肥胖症和抑郁症，甚至可以提高青少年的学习成绩。

坏消息是，在有些国家，家人一起坐下来吃饭的次数越来越少。59% 的美国人表示，现在家里人很少像他们小时候那样一起吃饭了。据《大西洋月刊》报道，大多数美国家庭每周在一起吃饭的时间不到五天，平均每五顿饭中就有一顿是在车里吃的。这份报道出自 2014 年，如今情况也没有改善过。

英国的情况也好不到哪里去。社会问题研究中心 2018 年的一项调查显示，英国人的晚餐平均持续时间只有 21 分钟，而且通常是在电视机前吃的。餐桌已经被降级，只在特殊场合使用。研究显示，五分之一的英国家庭甚至不再拥有餐桌。坐在电视机前吃饭的快乐，我并不陌生，在我家，这几乎是每年元旦的传统，但这种特殊情况不应该作为我们的日常。

餐桌是我和家人朋友沟通感情的地方。在餐桌上，我会听他们聊这一天是怎么过的，包括他们的开心和低落，他们的过去、现在和将来，最重要的是，餐桌是测试我的笑话好不好笑的舞台。简单来说，餐桌时光是我一天中的高光时刻。

偶尔在电视机前吃饭是可以的，但如果我们从不在餐桌上吃晚饭，我们就会失去一笔能带来高幸福回报的投资。餐桌是一个可以对朋友、家人的身心健康产生积极影响的地方，并不是只有我一个人希望有更多家庭聚餐。社会问题研究中心的研究显示，47% 的英国人表示他们希望有更多的家庭聚餐，49%的英国人认为家庭聚餐是共度美好时光最重要的方式。

设计幸福

————

想想吃什么可以延长你们的用餐时间

有一种方法可以延长你和亲朋好友的聚餐时间，那就是做一些他们必须费些工夫才能吃到的菜。想想怎么可以把美食的准备工作转移到餐桌上。下面几道菜都是不错的"非电视晚餐"。

洋蓟（"恐龙爪"）

在家吃洋蓟的话，用餐时间通常要比吃其他菜长12分钟。（是的，我掐表计算过。）把洋蓟作为开胃小菜试试，准备时间不长，拿准备时间和享用时间一对比，这道菜十分超值。

在锅里装满水，加盐，烧开。柠檬对半切，放入锅中，然后加入洋蓟，煮大约30分钟。当洋蓟叶片可以轻易取下时，这道菜就做好了。

沥干水，将整个洋蓟与咸黄油一起装盘上桌。将洋蓟叶片蘸一点黄油，就可以大快朵颐了。等所有叶片吃完后，你会看到一层茸毛，它们是不能食用的。去掉这层茸毛之后，你就找到了整个洋蓟最好吃的部分——洋蓟芯。

如果你想让自己的孩子喜欢上吃洋蓟，那就告诉他们今天晚饭你做的菜是"恐龙爪"。

春卷

就像我之前所说，尽可能把美食的制作过程转移到餐桌上。想多吃些蔬菜？还想让你的家人和朋友跟你一起制作？那就试试越南春卷和墨西哥玉米饼吧。

做春卷的话，将胡萝卜、葱、生菜和黄瓜切成丝，将它们都放在一个大盘子上。再放上花生米、豆芽、辣椒丝、薄荷、香菜，还有一些海鲜酱。如果你喜欢虾的话，也可以放一些。然后把所有东西放在桌子中间。

再拿一个大盘子，装上热水，把越南春卷皮（米纸）拿出来放在桌上。一家人坐在桌子周围，包自己想要的春卷。拿一张春卷皮，在热水里浸一下，使其变软，然后在中间放上喜欢的馅料，卷起来即可。

如果你想试试墨西哥菜的话，方法也差不多：把玉米薄饼和馅料放在桌子中间，让大家自己包。馅料的话，可以选择洋葱、黑豆、菠萝、香菜、辣椒和鳄梨酱等。

甜蜜的梦是用奶酪做的

有谁可以拒绝布里奶酪呢？是的，现在是时候播放舞韵乐队（Eurythmics）的歌曲，重温 20 世纪 80 年代的经典美食——奶酪火锅了（Fondue）。奶酪火锅与西班牙的塔帕斯（Tapas）类似，做起来很有趣，它可以让晚餐的节奏慢下来。

用蒜瓣涂抹奶酪火锅的内侧，然后加入一杯白葡萄酒，磨碎约 500 克的奶酪（奶酪自选，可以试试格吕耶尔奶酪[1]和埃曼塔尔干酪[2]的搭配），然后加入锅中。用中火加热，不断搅拌至奶酪呈光滑起泡的状态。

传统吃法是用面包块蘸着奶酪吃，但我建议你可以在锅中加入几种喜欢的蔬菜，比如胡萝卜、青椒、土豆等，切片或切块都可以。

1　被誉为奶酪中的贵族，产自瑞士弗里堡州小镇格吕耶尔。
2　又称大孔奶酪，是瑞士著名奶酪，产自瑞士中部伯尔尼州埃曼塔尔地区。

"空椅原则"

————

如果你和我一样，可能也会觉得一个人参加招待会很尴尬。其中一个挑战是，在和很多不认识的人握手时，你要平衡好另一只手里端着的开胃菜和酒杯。而且在握手之前，你还要经历一个"大家都在和自己认识的人聊天，而我谁也不认识，还是玩手机吧"的阶段。这里我想和大家分享一个小技巧，可以帮你更轻松地融入陌生的环境。

几年前，我们幸福研究院研究过不同的休闲活动对年轻人幸福感的影响，其中一项活动是角色扮演游戏。在这项活动中，人们会用戏服和道具把自己装扮成不同的角色，比如魔幻世界里用刀剑和魔法作战的兽人和精灵。这项活动尤其受到那些不喜欢传统体育运动的内向年轻人的喜欢。是的，说的就是三十年前的我。

我们对参与者进行了一段时间的跟踪调查，在他们开始活动之前及活动结束后的十八个月，我们会问他们同样的问题。这样做可以排除这段时间里参与者的其他生活情况（比如父母离异等）对研究结果的影响。

角色扮演游戏的积极影响

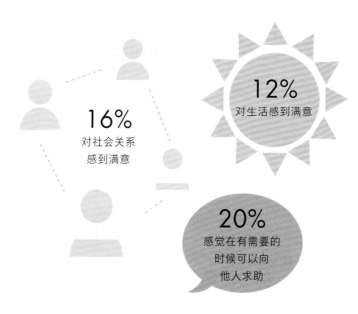

最后我们得到的研究结果是，角色扮演游戏参与者的社会联系明显增加。有 16% 的青少年表示对他们的社会关系感到满意，有 20% 的青少年觉得他们在有需要的时候可以向他人求助，而且他们对生活的满意度也提高了 12%。

我们发现，角色扮演游戏不仅让参与者通过尝试不同的角色和身份提高了社交能力，增强了同理心，而且还让他们在玩游戏的过程中锻炼了身体（因为需要躲避成群手持斧头的兽人）。参与者需要时不时聚在一起策划新的活动。在这些活动上，我发现了"空椅原则"。

"空椅原则"说的是桌边要永远有一把空着的椅子，这样可以方便新人快速加入。先坐下的人有责任确保桌边有一把椅子是空着的，这只是包容性空间设计的一个例子。同样，当三四个人一起站着交谈时，他们不应该紧紧围在一起，而应该留出一点空间，方便新人加入。

设计幸福空间时，我们不应该忽略这些基础的社交规则。扮演兽人和精灵这样的角色减少了人的社交障碍，让内向的人更容易融入一个新群体。这个道理非常简单，我们在任何社交场合都可以应用它。

自从看到"空椅原则"的实际效果之后，我注意到座位安排对人们行为方式和气氛的影响。比如，在幸福研究院招聘时偶尔会好几个人一起面试一个候选人，我们不会让候选人单独坐在桌子的一边，而是和大家坐在一起，这样可以营造更轻松的氛围。候选人因此能够放松下来，展现自己最好的一面。

Hygge 的形状

————

二十年前，我和一群朋友在哥本哈根市中心的一家饭店共进晚餐。那家店的菜味道不错，酒也很棒，我们每个人都很开心。酒足饭饱要离开的时候，服务员跟我说："希望你们度过了一个美好的夜晚。"

"确实是个美好的夜晚，"我跟她说，"无与伦比。"

"是这张圆桌的魔力，"她朝我们所坐的桌子示意了一下，"坐在这张桌子的客人总是这么快乐，可惜我们只有这么一张圆桌。"

这是我第一次注意到圆桌的好处。我早该注意到的。亚瑟王的传说大家都知道，他会在自己的城堡卡美洛（Camelot）召集王国中最伟大的骑士，并将他们聚集在一张圆桌上，讨论政事。圆桌没有等级之分，大家都是平等的。

除此之外，圆桌还有很多优势：更大的空间、更舒适的氛围……坐在圆桌上的每个人都可以与其他人目光交流，使气氛更加融洽。

这也意味着在圆桌上的每个人都可以参与到谈话中，从而使对话变得更深入。大家都是平等的，没有人坐在桌头发号施令，也没有人因为坐在桌尾而被人遗忘。即使人数是奇数，圆桌边也不会留下空位。

此外，圆桌比方桌占用的空间小。根据经验，为了避免出现像在"飞机上吃飞机餐手肘乱碰"的尴尬，每个人至少需要60厘米宽的空间。在这样的空间里，人们才能坐得舒服（当然这也取决于椅子）。直径150厘米的圆桌，周长为471厘米，足够8个人使用。直径120厘米的桌子则可以供5个人使用。

然而，有时候事情也会出乎我们意料。我见过最大的圆桌周长有18米，人们叫它"大自然的议会桌"。这个巨大的圆桌是为2009年在丹麦哥本哈根举办的联合国气候峰会设计制作的。当然了，圆桌也不能太大，太大的话，你跟坐在圆桌对面的人就隔得太远了，要想跟对面的朋友说点什么就得扯着嗓子喊："喂！我说！这鱼味道不错啊！！"

设计幸福

———————

想想家里的桌椅该怎么摆才
有助于人与人之间的沟通

要促进沟通，就得考虑怎么应用"空椅原则"。这意味着家里有客人时，你要帮助他们了解彼此，提起他们共同的爱好或观点。比如："你们两个可能是我认识的人里最会做腌菜的。"如果是一大群客人，那么你可以考虑一下座位怎么摆。如果是家人一起吃饭，有时可以考虑换换座位，避免每个人总是坐在自己熟悉的位子上。

Hygge 的对话

———————

你觉得与人亲近吗？你觉得有人可以帮助你吗？你觉得有人真正了解你吗？这些问题的答案与你感到幸福与否息息相关。

亚利桑那大学和圣路易斯华盛顿大学的研究人员在《心理科学》杂志上发表的一项研究中，提出了人们的谈话类型和他们幸福感之间的相关性。研究过程中，79 名参与者连续四天佩戴电子录音机，这个录音机每 12 分半钟会记录一次参与者所处环境的 32 秒录音。通过对所有 23689 个录音片段的分析，研究人员试图了解参与者是独自一人，还是在和别人闲聊。是聊"你在吃什么？爆米花？不错"，还是在进行更有意义的谈话，比如，"她爱上了你爸？那后来他们离婚了吗？"

为了评估参与者的幸福水平，研究人员还问了参与者一些问题，比如"评价自己对生活的满意度，从 0 到 10 给出分数"，或者"你是否认为自己是一个快乐的人，是否对自己的生活感到满意"等。问卷做了两次，相隔三个星期。结果显示，和别人进行更有意义的谈话会让人感到更加幸福。

如果我们对比最幸福的和最不幸福的参与者，我们会发现，最幸福的参与者的独处时间要少 25%，而有意义的谈话次数要多一倍。当然，也有可能是幸福的人会吸引人们和他进行更有意义的谈话。不过，我觉得这个影响是双向的。

那接下来的问题当然就是，我们怎么才能进行更多有意义的谈话呢？最近出现了很多专门为激发深度谈话而设计的应用程序、游戏和卡片。越来越多的人开始使用这些产品来引发有意义的谈话。

Hygge 游戏就是其中之一。这个游戏声称有"300 多个发人深省的问题"，可以帮助用户"和自己喜欢的人进行舒服的对话"，"非常适合和家人朋友一起的浪漫晚餐、小型派对等场合"。坦白讲，一开始我对这个游戏有点嗤之以鼻，但在 2019 年 12 月的一个星期五，我带上了它和我的团队一起去喝格拉格酒。

游戏里有这些问题：和朋友一起度过的时光里，你最快乐的记忆是什么？小时候你有什么事情一直瞒着父母？如果你可以扮演任何一部电影的主角，你会选哪部？

靠着这些问题，我和同事们一起热火朝天地聊了好几个小时。最后大家一致决定以后在聚餐或旅游团建时都把这个游戏带上。这些问题可以让我们分享彼此的小秘密，从而加深了解。

美国国会女议员亚历山德里娅·奥卡西奥－科尔特斯（Alexandria Ocasio-Cortez）在 Instagram 的个人主页上提到，她每周的员工会议是从一副游戏卡牌开始的，她会随机抽取一张，让大家就卡牌上的一个话题进行讨论，比如讲讲你觉得过得很充实的一个时刻。"每次开会我总是说得太多了，"她写道，"我想以这种方式让大家都有机会说话，通过每周这么几分钟增进团队成员之间的了解，建立起更人性化、更有意义的联系。"

不仅仅是奥卡西奥－科尔特斯和我的团队喜欢这样的游戏。有一款名为"桌面话题"的游戏已经卖出了 350 多万份，游戏中有一些这样的问题：你比房间里的其他人了解哪个领域更多？如果你有时光机，最想穿越到哪个时代？你有过被保安护送出会场的经历吗？对前两个问题，我的答案是：幸福，15 世纪。但第三个问题中的"护送"，我还没明白是什么意思。

我想，这类游戏和应用程序的流行，表明人们不再满足于以往那些陈腐的谈话，或许在现在这个越来越多元化的世界里，聊天能力才是那个一直被我们忽视的技能。真正的对话，或者说对话的艺术，是"说"和"听"之间的平衡。所以，当我们为了更好地沟通而去做设计时，不仅要考虑桌子的形状，还要注意自己的肢体语言及开放的心态。

设计幸福

————————

分享你的"不完美"

　　和别人建立更深层次的联系的最佳方式之一就是敞开心扉，把自己脆弱的一面展示出来。

　　我一生中最好的对话——那些建立联系的对话——往往都是从坦诚自己的困难和缺点开始的。有趣的是，当我们展示自己的脆弱和不完美的时候，往往收获的都是善意（虽然也不总是这样）。或者，用 20 世纪最伟大的哲学家小熊维尼的话来说就是："你不能躲在自己卧室的角落等别人来找你，有时候，你需要自己走出去找别人。"

与沉默共处

———

两个丹麦人一起钓鱼。第一天，他们钓了鱼，什么也没说。第二天，他们钓了鱼，什么也没说。第三天，他们钓鱼的时候，一个人对另一个人说："今天天气挺不错。"那个人回应他："我们是来钓鱼的，不是来聊天的。"如我所说，大家通常都觉得丹麦人很内向，我们北欧的其他兄弟姐妹也给人这样的印象。

可能事实的确如此，也可能是有其他原因在作祟。北欧人和其他欧洲人、北美人有所不同，什么都不说并不会让他们感到不舒服。北欧人很少有那种机关枪一样火急火燎的对话，他们的对话更像是国际象棋，而不是魔兽世界，或者说，更像是在打保龄球，而不是英式壁球。

谈话中甲暂停了一下，并不意味着就该乙接话茬儿了。甲可能只是在思考自己接下来该说什么，在整理自己的思绪，所以我们需要重新理解"与沉默共处"。为什么我们会觉得沉默很尴尬？沉默可不可以代表沉思，它可不可以是有价值并让人舒适的呢？

好的回复胜过快的回复。一个经过深思熟虑的回复代表着你认真听了我说的话，它可能是这样的："关于你上次说的，我想了很多，可能的解决方案是……"这样的回复比起一个快速的回复更有价值。

　　就我个人而言，我发现自己说英语会比说丹麦语慢一些。我需要多花一秒钟左右才能找到合适的单词，同时我也需要更加专注。这就意味着我会皱眉头。这样一张似乎在生气的脸对一个幸福研究员来说是个大问题。

　　学会与沉默共处的一个方式是参加一些不以谈话为主要目的的活动，比如打牌、做饭，或者解谜。此外，我发现，当双手在忙碌的时候，我们通常不会对沉默感到恐慌。

　　我听到的最有智慧的话，往往是当人们手里拿着某样东西时说出来的。他们手里拿着的可能是鱼竿、台球杆、画笔、切菜刀、扑克牌、拼图、网球拍，等等。一个 Hygge 的家会让你的手里有事可做，让有意义的谈话自然而然且频繁地发生。

共享的 Hygge

————

小时候，我会与哥哥一起和邻居家的孩子在街上比赛玩滑板。我哥哥总是第一，我总是第二，住在路口的卡斯腾和飞利浦总是第三和第四。我们住在一个"囊底社区"（cul-de-sac），所以路上没什么车。"囊底社区"的一大"卖点"：社区里都是环形的封闭街道，这样可以减少汽车数量和降低车的行驶速度。

我当时还小，根本不知道什么是"卖点"，但我知道所有邻居的名字，甚至包括他们家的狗（一条拳师犬，一条金毛，还有一条很老的英国牧羊犬）。我父母和住在我们右边的那户人家是朋友，我们两家共用一台割草机。他们养了一条叫西塞的拳师犬。我会和西塞一起玩，借他们家的漫画书看——10 岁小朋友的快乐生活。

1960 年前后，美国梦的缩影就是"囊底社区"。如今，它仍然是幸福郊区生活的代表。美国电视剧《绝望主妇》里的"紫藤巷"就是一个典型例子（当然不包括电视剧里的那些谋杀案）。"囊底社区"不仅是美国梦的一部分，还提升了社区房地产的价格。根据房地产专家估计，如果房屋位于"囊底社区"，

172

那潜在购房者愿意多付 20% 的房款。

20 世纪 30 年代，标准的街道社区在人们眼里代表着"枯燥"和"危险"。在美国，联邦住房管理局开始接受"囊底社区"的设计。在英国，1920 年建造的像韦尔温这样的花园城市里都有"囊底社区"。换句话说，过去的 100 多年里，前几十年人们一直在按"囊底社区"的样子设计城市的郊区。然而，在近几十年里，"紫藤巷"这样的社区不再受到人们的青睐。现在，如果你穿着印有"我爱囊底社区"的 T 恤衫，很可能会被看成跟不上潮流的老古董。有人批评说：由于"囊底社区"住户间的距离比较远，不利于步行，人们不得不频繁地开车，因此很容易变胖。

的确，居住在较为分散的社区（比如郊区的"囊底社区"）的人比居住在密集社区的人多开 18% 的车，研究表明，居住在密集社区的人比居住在分散社区的人更瘦，心脏更健康。

美国康涅狄格大学和科罗拉多大学的诺曼·加里克（Norman Garrick）和韦斯利·马歇尔（Wesley Marshall）分别对加利福尼亚州 24 个城市街道网络的 3 个基本指标——密度、连通性和配置，以及这些指标对健康的影响进行了研究。他们发现，在街道网络更紧凑的地区，肥胖症、糖尿病、高血压和心脏病的发病率较低。

然而，根据瓦尔多斯塔州立大学社会学副教授托马斯·霍奇希尔德（Thomas Hochschild）的观点，"囊底社区"有一个非常有说服力的优点——更好的邻居。在一项研究中，霍奇希尔德走访了康涅狄格州的110户居民，其中三分之一位于直通街道，三分之一位于灯泡状的"囊底社区"（房屋像花瓣一样沿着环状路围成一圈），三分之一位于死胡同状的"囊底社区"。他向每户发放了一份包括150个问题的问卷，其中的问题包括："你和邻居的关系怎么样？""你们多久进行一次社交活动？""你们会互相帮忙吗，比如借食物，借工具？"等。

这些住宅所在的社区在人口统计学上具有可比性。霍奇希尔德将研究结果与这些家庭的收入、子女数量，以及其在该社区的居住时间等方面的差异进行了对照。他发现，"囊底社区"的设计似乎有利于增强邻里之间的关系。

在"囊底社区"，至少有40%的人在刚过去的一个月里向邻居借过一次食物或工具（是的，友情深不深，就看你愿意分享多少食物给别人），而在直通街道的社区里，这一数字仅为19%。

居住在"囊底社区"的人中大约有30%对"与近邻的关系对我来说意义重大"表示十分赞同，而居住在直通街道上的人只有5%这么认为。

居住在灯泡状"囊底社区"的人中，约 26% 的人对"我和近邻之间有着深厚友谊"表示强烈赞同，而居住在直通街道的人并没有这种感觉。

也许最能说明"囊底社区"社会关系有多紧密的一个证据是，在霍奇希尔德做调研的时候，有一个人报警说："有个奇怪的人在看着我们的房子做笔记。"这个人是"囊底社区"的居民。

澄清一下，我并不是鼓吹我们应该建更多的"囊底社区"，我只是建议，当我们在考虑如何创建出更和谐的社区、街道和家的时候，不要忘了这些公共空间。

2020 年，一个以通过建筑环境提高生活质量的丹麦基金会 Realdania 发布了《建筑中的丹麦人》研究报告。该报告主要调查了邻居之间的互动情况，以及居住空间的设计在其中发挥的作用。霍奇希尔德的研究对象是住在郊区的 110 户居民，而 Realdania 的研究对象则是 2300 多名居住在公寓中的丹麦人。

研究表明，如果你和邻居有一个良好的公共户外空间，那么你们共进晚餐的可能性会翻倍。这种社区感当然不仅限于食物，如果邻里关系和谐，你们就更有可能在各种事请上互相帮助，比如互相照看对方的房屋、互相借东西、照看宠物，等等。所有这些事情都会让你的生活更轻松、更 Hygge，生活质量也会更高。

共享户外空间对邻里关系的影响

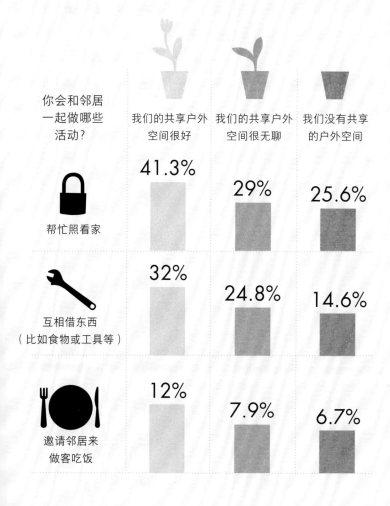

你会和邻居一起做哪些活动?

	我们的共享户外空间很好	我们的共享户外空间很无聊	我们没有共享的户外空间
帮忙照看家	41.3%	29%	25.6%
互相借东西（比如食物或工具等）	32%	24.8%	14.6%
邀请邻居来做客吃饭	12%	7.9%	6.7%

设计幸福

————————

如何与邻居建立关系

是不是说要想幸福快乐就必须住在"囊底社区"呢？不是的，我认为这里最重要的一点是，要意识到居住在不同社区以及不同的公共空间对我们生活的影响。如果大家都对社区有一种归属感，邻里关系融洽，那么每个人都会从中获益。

如果你住在"囊底社区"，你可能会更习惯开车出门，而不是走路，那你就要注意养成晚餐后出门散步的习惯。既然你跟邻居关系不错，或许你可以向邻居提出每周帮他们遛一次狗。如果你住在直通街道边的社区，那就想想如何跟附近的几个邻居建立起更紧密的关系。有什么公共项目是可以一起做的？是不是可以合买一台割草机？如果你计划和朋友们在公寓里搞聚会，务必先跟邻居打声招呼，说你们可能会有一点吵，如果可以的话，邀请他们加入你们。如果你住在一个近处没什么邻居的地方，那可太幸运了！邀请一个住得稍微远一点的邻居来家里坐坐，这样你很快就会交到新的朋友。当你不在家的时候，有人帮你照看一下家当然是棒极了。

一个 Hygge 之家永远不会冷冷清清。建立起良好的邻里关系会让你收获归属感，待在家时也会觉得更安全。

建筑设计可以帮助我们更好地融入社区吗？

———

埃米尔将钥匙插入新公寓的大门，笑着说："能搬进一栋崭新的大楼真是太棒了。"他环顾了一下四周，新公寓面积为33平方米，他将与另外一人合住。两个人都有独立的房间，但他们会共用浴室和开放式厨房。

由于房租上涨，越来越多的学生、老人和难民等低收入群体正被挤出哥本哈根。而在这里——腓特烈斯贝，房租却很便宜，每月才300英镑，比市场价低200英镑左右。因此埃米尔很期待在这里展开新生活。腓特烈斯贝是一个小城市，这里有一个大公园，街道上绿树成荫，到处都是咖啡馆和精品店。

埃米尔之所以能入住新家要归功于一个叫"友好住房"的项目。该项目最初只有一个激进的想法：丹麦人能邀请难民走进他们的日常生活，帮助他们融入丹麦社会并和当地人建立友谊。在这个项目里，丹麦学生与难民结为好友，帮助他们了解丹麦并解决实际问题。40名丹麦学生将与来自叙利亚和厄立特里亚等国的年轻难民住在一起。

该公寓楼共有 37 套房间，俨然一个小型的生活社区。学生和难民将在这里毗邻而居，丰富彼此的生活。公寓楼提供共用洗衣房和屋顶露台，包括楼梯在内的公共区域被设计得足够宽敞，方便住户进行社交活动，比如喝咖啡、与邻居聊天等。

学生们承诺成为难民的伙伴。埃米尔已经见到了将成为伙伴的两位邻居。"他们看起来人不错，希望我们可以成为好朋友，"他说，"我可以帮助他们申请工作，或者只是聊聊天。有丹麦朋友，学习丹麦语就更方便了，这也是这个项目的独特之处。"

虽然这类项目不是在每个城市都有，但它是一个很好的例子，说明了社会交往如何影响我们在社区和家庭中的幸福程度。我们知道，社会支持是提升人们幸福感的关键因素。在我们需要帮助的时候，知道有人可以依靠是至关重要的。同时，我们也可以通过向社会提供支持来提高我们的幸福水平。研究表明，从事志愿者工作的人对生活的满意度更高，目的感更强，社会关系也更牢固。Hygge 之家不是一座孤岛，而是一个更大的社区，为需要帮助的人提供支持和温暖。

幸福清单

————

☐ 想想能不能把美食的制作过程转移到餐桌上，延长家庭聚餐的时间。

☐ 充分利用"空椅原则"，确保没有人被冷落。

☐ 设计一些可以促成深度对话的问题。

☐ 想办法和你的邻居建立更多联系。

第六章
CHAPTER

6
——

工作要 Hygge，
玩也要

并非所有的工作都可以在家完成。比如我以前当过园丁，做过超市清洁工，在电影院卖过电影票和圣诞树，在植物园上过班，还在面包店值过夜班，这些工作没有一个能在家做。

2020 年，有两件事席卷全球：新型冠状病毒感染和远程办公。以前人们觉得永远无法远程完成的工作，在几个月甚至几周内就完全变了。

数百万人开始享受远程办公带来的好处。通勤省下来的时间，人们用来做瑜伽和散步。与此同时，有研究表明，人们的工作效率并没有降低。

很多公司也注意到了远程工作带来的益处。有人预言，朝九晚五的工作即将成为历史。脸书（Facebook）管理层表示，该公司 50% 的工作岗位将在 10 年内转变成远程的。推特（Twitter）则表示，其员工可以继续在家工作。律师事务所斯莱特和戈登（Slater and Gordon）已经放弃了它在伦敦的办公室。远程工作减少了对办公空间的需求，很多公司开始探索如何合理利用自己拥有或租用的物业，并通过减少办公空间让更多员工灵活地远程办公。

工作方式的转变重新定义了场所的意义，人们也开始重新思考生活的核心要素是什么。远程工作使住在郊区成为可能，既然都远程工作了，为什么不可以住在房价更低的乡下呢？或者，住在葡萄牙里斯本怎么样？我听说每年这个时候的里斯本都很美。

　　然而，随着传统朝九晚五的工作模式逐渐走远，居家办公模糊了工作和家庭之间的界限。有研究显示，许多员工在远程工作的时候，即使身体不舒服也不愿意请病假，或者认为需要

增加工作产出和工作时间。虽然午后可以出门散步，但那是否意味着我们得熬夜加班向老板和同事证明自己在努力工作？远程工作是否意味着远离快乐？

我们还必须调整我们分享知识的方式。原本我们可以和同事面对面交流，但现在很多年轻的团队成员表示，在远程工作模式下，自己失去了这种学习机会。融入一个新的环境，以及随之而来和同事们的社交，都变得特别困难。那么，我们可以和同事随便聊聊天的虚拟茶水间在哪里？在远程工作模式下，我们该如何增强团队的凝聚力并无缝传递知识和经验？我们是不是都得换个大房子，以免听到与我们同住的人的视频电话？

2021年，管理咨询公司麦肯锡（McKinsey）发布了关于新冠疫情大流行后未来工作的研究结果。他们调查了欧洲、亚洲、澳大利亚、北美和南美的5000多名员工，发现大约30%的人表示，如果他们不得不回到原来的工作场所全职工作，他们很可能会换一份工作。53%的人希望每周至少有三天在家工作。我本人也是"混合工作模式"的支持者——几天在办公室工作，另外几天在家工作。在办公室上班可以让我与同事保持联系，遇到问题时能马上一起碰头找到解决方案。而居家工作可以让我专注于更复杂的任务，当我需要短暂休息时，也可以把刚洗好的衣服晾一晾。

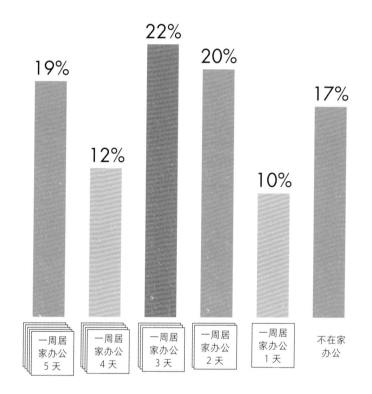

员工居家办公的偏好

远程工作对我们的幸福感而言既是风险也是机遇。现在是工作场所变革的关键时刻，做错了可能会导致职业倦怠，做对了就会收获巨大的幸福红利。那么我们该如何正确应对呢？远程工作的时候，我们怎么做才能让自己更快乐？

设计工作空间时要记住的六件事

工作和玩耍分开

当幸福研究院在调查什么会使人对家更满意时，一位男士说，如果是居家办公，在工作台周围拉上帘子很有帮助。这意味着下班后他可以将生活与帘子里关于工作的一切隔绝开来，彻底放松。一位女士说，当她在家看到摆在客厅的工作台时，就会处于紧绷的工作状态。

目之所及，心之所想，了解这一点很重要。如果总是看到工作相关的东西，就会不断地想起工作。因此，居家办公的时候，最好把自己的工作区和其他区域分隔开。大部分人家里都没有空闲的书房，我家就是，但或许你可以把另一间卧室改成两用空间。不过，我家也没有多出来的卧室，所以我在家办公完毕后，会把笔记本电脑收起来，放在看不见的地方。还有一个好办法是买一张可折叠的书桌，等工作完之后可以马上收起来，这样既节省空间，又能让你忘记工作。

通过视频会议了解同事

视频会议时，我们经常会看到同事背后的一些零碎物品，那些东西背后往往都有着精彩纷呈的故事，那是我们在办公室里无法获知的：原来伊娜最喜欢的恐龙是甲龙；亚历桑德罗竟然会冰雕，而且技术超厉害；米卡身后的那盆植物是塑料的，但她浇了四个月的水才发现这个事实；奥诺尔身后的那张证书让我想起自己从小到大唯一得过的奖就是"体育好朋友"奖，也被称为"你体育真的好烂"奖。

一定要留出休息的时间

Hygge 就是让超负荷的我们休息一下，所以当你在家远程工作的时候，一定要留出休息的时间。我很幸运，住的附近有一家面包店，他们做的肉桂卷是全哥本哈根最好吃的，所以我去那里动力满满，根本不需要别人动员。不过，如果你觉得提醒自己休息有点难，有个办法就是，安排一个时间，设个提醒给朋友打电话，这样你就有所期待了。等时间一到，你就会自然而然离开办公桌。

家具一定要舒服

在幸福研究院，我们有办公桌，也有沙发。阅读最新的幸福报告当然要离开办公桌，坐在沙发上。在家也一样，如果有舒服的沙发，长时间阅读就会变得更加愉快。

把 Hygge 之家的原则应用在工作空间中

躺在床上工作，效率肯定不会很高，但这也不是说你必须要头悬梁锥刺股，我们的办公空间也要 Hygge 一些才好。添置一些绿植，充分利用光照，提升办公空间的质感。我在家的办公桌下铺了一块柔软的地毯，当我看到收件箱里雪崩一样的邮件时，它能让我平静一些。

选用合适的灯

要保持清醒、专注，就不应该使用柔和的暖光。所以，在配置办公空间的灯光时，你获得了 Hygge 警察的"赦免卡"。你可以不用考虑 Hygge 灯光的原则，自由选用更明亮的白色灯。

一个空间的设计，并没有对错之分，你需要不断尝试，直到找到最适合自己的。有时，一个新的想法可能听起来怪怪的，但只有真正尝试过，才知道效果如何。来看看哥本哈根斯特罗里耶（Strøget）步行街的例子。斯特罗里耶步行街全长超过 1 千米，是欧洲最长，也是最受欢迎的步行街之一。20 世纪 60 年代，这条街上穿梭着汽车，人们当时还考虑要禁止自行车通行，拓宽机动车道。后来，将其改为步行街的提案备受争议，商家们抗议说这样的改变会毁掉他们的生意，哥本哈根负责城市规划的市长还收到过死亡威胁。

1962 年，斯特罗里耶步行街开始了一次为期六个月的试运行。试运行获得巨大成功，随后步行街改造计划得以实施，还进行了扩建。现在步行街附近的房价已经是全国最高。这次试验也标志着哥本哈根的城市生活方式开始发生重大变化，人们更加重视步行和骑自行车，同时减少开车的频率。

　　大约五十年后，纽约也开始尝试进行步行街改造。百老汇周围的时代广场和先驱广场开始禁止汽车通行，路边设置座椅，试运行同样受到人们热烈欢迎。三个月后，这两块区域被确定为永久性的步行街。

设计幸福

————

把设计当成游戏

从上面的例子里，我们可以学到的一点是：设计需要玩起来。
试试这个，试试那个。特别是当你和一个"抗拒改变"的人住一起
的时候。先试运行一个月看看效果，比如我们把床的位置变一下，
靠到另一面墙；或者把墙换个颜色；又或者把孩子们做作业的桌子
移到厨房附近，这样就可以边做饭边和他们聊天了。你可能会发现，
新的布置会改变你的行为，最终让你感到更加幸福。

为娱乐留出空间

────────

16 岁那年，我去澳大利亚交换学习，住在新南威尔士州古尔本市的布拉德利街 136 号史蒂夫和凯瑟琳夫妇家。他们人很好，我到现在还和他们保持着联系，比如上周，我们在 Skype 软件上边聊天边喝咖啡。和他们住在一起有很多好处，其中之一是他们养了一条狗，叫麦克斯。每天放学回家，我都用 CD 机播放《大火球》[1]，然后和麦克斯互相追着玩。这就是我放学后的娱乐项目之一，也是我一天中最快乐的时刻。直到今天，当我听到《大火球》这首歌的时候，都会有一种想绕着房子跑圈的冲动。

在我们这个工作至上的社会，娱乐一直被低估，甚至被嘲笑，除非它是一种"创造性"的爱好。说你在空闲时间写作或画画是可以的，但在家里一边唱《大火球》一边跑来跑去就不行了，因为这毫无意义。但其实，娱乐就是要无意义。

为了玩而玩对我们的幸福至关重要。对我来说，快乐充实的生活里应该有充满欢笑的娱乐时刻。根据乐高 2020 年《玩得

────────

1　发布于 1957 年的一首流行摇滚歌曲。

开心》研究报告，98%的孩子表示和家人一起玩游戏让他们非常开心，88%的孩子说玩游戏可以让父母更好地了解他们。

说到玩游戏的好处，父母似乎也同意孩子的看法。绝大多数的父母——超过90%——表示一起玩游戏有助于与孩子交流，建立更牢固的家庭纽带。

值得庆幸的是，全球有95%的家长表示，玩游戏是孩子快乐的基础，他们认为玩游戏和做作业对孩子来说一样重要。此外，95%的家长表示，游戏提升了家庭幸福感。有趣的是，91%的孩子说游戏让他们的父母变得快乐。

你对"乐高"应该并不陌生，它或许是丹麦人对人类做出的最大贡献之一，与它不相上下的就是"Hygge"和"安徒生"。但你可能不知道的是，乐高的英文名LEGO其实是丹麦语LEG GODT的缩写，而这两个词的意思就是"玩得开心"（play well）。在疫情期间，多亏了乐高积木和各种拼图游戏我才没被憋疯，而且，跟我一样的人还不少。根据用户调查公司NPD的报告显示，在疫情期间，各种桌游、卡片游戏和拼图游戏的销量增长了228%。

这些游戏中很多都要求人们面对面一起玩。在电视机前并排坐着，两个人无法有目光接触，我们需要真正面对面的交流，所以，家庭活动一定要面对面进行。如果家里有很难沟通的青少年的话，这就是个特别好的沟通方法。很多家长表示很难为与孩子对话创造适当的空间，也很难让他们敞开心扉，而这些游戏可以让事情变得简单。玩游戏的时候，没有尴尬的沉默，没有必须说点什么的压力，也没有目光需要躲闪，无论你说不说话都没关系，我们可以就这么坐在一起，安静地拼好手里的拼图。

Hygge 之家是一个懂得娱乐价值的家。我们可以通过玩和别人建立联系，利用新技能实现自我，提升自尊，收获成就感。这些东西都位于马斯洛需求金字塔的顶端，给我们带来真正的满足。在我们幸福实验室的下一个实验中，我特别想找到一种方法，将拼好 1000 块拼图最后 1 块的那种满足感装进瓶子里。这种感觉无与伦比。想要创造一个 Hygge 之家，重要的是不要忘了玩。记住：不要总说你老了就不玩了，只有你不玩了，你才会变老。

题外话：在我当年就读的幼儿园里，我们的规定是，如果你犯了错，就得坐下来拼拼图。这个"惩罚"有两种效果：让我冷静下来，同时让我维持自己"坏男孩"的形象（这一点，我到现在仍然深信不疑）。拼图就在那里，不需要皮夹克，也不需要哈雷摩托，给我一盒 1000 块的拼图，我立刻让你看看什么是全身反骨的叛逆小子。

设计幸福

————

模拟游戏——可以营造凝聚力的 Hygge 游戏

对我来说，模拟游戏是 Hygge 之家生活中的核心部分，其中一个非常 Hygge 又不怎么需要花钱的游戏就是"沙丁鱼"。在丹麦语中，这个词又叫"桶里的鲱鱼"，指的是人们紧紧挤在一起，无论是站着、坐着还是躺着。它跟传统的捉迷藏游戏很像，但是规则完全相反，这恰恰让它变得十分 Hygge。

除一人外，所有玩家闭眼站立，数到 20 或 50，取决于你家或花园的大小。睁眼睛的玩家要找地方藏起来。当闭眼睛的玩家数完数后，狩猎开始，大家分头去找藏起来的那个人。当第一个人找到躲藏的人时，他不会大喊"找到了"，而是跟他一起蜷缩在藏身之处——这正是这个游戏的 Hygge 所在。

当第二个人找到藏起来的人后，他也要跟他们一起藏在那儿。如此进行下去，直到最后只剩下一个人在找其他人，而其他人全都要像桶里的鲱鱼一样藏在同一个地方。最后剩下的那个人在下一轮将作为第一个躲藏的玩家。如果你家有小孩，他一定会爱上这个游戏。

这个游戏非常适合很多人一起玩，但即使人不多也有相对应的玩法。所以，把纸牌、象棋、拼图等模拟游戏放在显眼的地方吧，这样你就能想起拿它们来消磨时间，而不是呆呆地在 Netflix 上随便选个电影看。

玩游戏可以建立更深厚的人际关系

几年前我在巴黎参加了一个工作坊。我们先一起做了一个小游戏。每个小组会分配到 1 个橘子、50 根吸管和 1 卷胶带。游戏规则是：在 15 分钟内，用吸管和胶带制作出一个可以支撑这个橘子的东西，最后橘子位置最高的小组获胜。游戏开始后，房间里顿时充满了活力，大家创意频出，玩得好不热闹。

我忘了最后哪组赢了，肯定不是我们组，但我到现在还记得当时屋子里的那种氛围，以及每个人脸上的笑容。15 分钟前大家还素不相识，短短 15 分钟后就已经凑在一起欢声笑语了。

玩游戏是一个让人放松下来和建立联系的好方法。因此，如果你要把来自五湖四海的人聚集起来，就让他们玩个游戏吧。比如，几年前，我在过生日的时候举办了一个烧烤派对，在烧烤之前，我先组织朋友们玩了一个"烤前游戏"——小型的网球比赛。唯一的规则是，网球高手和网球新手组成一队。最后赢得赛事的是哈维尔和卡拉，一对分别来自法国和澳大利亚的双打组合。比赛过后，当我们正式开始烧烤，所有人都已经结识了新朋友。

玩和笑是非常棒的社交工具。马里兰大学教授罗伯特·普罗文（Robert Provine）研究了笑声、打嗝、打哈欠等其他社交行为的基础。他发现，相比一个人的时候，群体中的笑声频率要高出 30 倍。

当我们听到别人在笑的时候，我们更容易发笑，也更容易觉得笑话好笑。这就是为什么情景喜剧中经常会出现观众的笑声或预先录制的笑声。因为这些笑声会诱发坐在电视机前的观众笑出来。同一部喜剧电影，在电影院看可能比一个人在家看更让你觉得好笑。

有些人认为，笑在语言出现之前就有了，它是一种友好的信号，表示你并无恶意，并希望融入群体。时至今日，笑仍然是一种重要的社交工具，它可以帮助人们建立联系。这可能也是为什么笑声听起来更像是动物的叫声，而不像一种语言。

笑也会传染。你和发笑的那个人越熟悉，你就越能够被他的笑声传染。你可以上网搜索一些搞笑视频，看看你能不能忍住不笑看完。

如果你正在寻找更多让人发笑的方法，幽默研究专家理查德·怀斯曼（Richard Wiseman）所做的工作可能会很有帮助。

2001年，他与英国科学协会合作，从科学角度分析让人发笑的笑话。怀斯曼创建了"笑声实验室"（LaughLab）网站，请人们在上面提交笑话并对其进行评分。来自70个国家和地区的35万人提交了4万个笑话并对其进行了评分。研究结果表明，好笑的笑话往往都很短。比如：地里有两头牛，一头牛对另一头牛说："哞。"另一头牛急了说："那本来是我说的！"

研究还表明，笑话是有文化差异的。美国人可能更喜欢暗含羞辱的笑话，而欧洲人更喜欢超现实的笑话。比如：一只德国牧羊犬走进电报站，拿出一张空白的纸开始写电报："汪、汪、汪、汪、汪、汪、汪、汪、汪。"

电报站的工作人员看了看牧羊犬写的那张纸，礼貌地说："你只写了九个字，你可以再写一个，价钱一样。"

牧羊犬回答："可再加一个字也没什么意义。"

这里我想说的是，我们在设计工作空间时，应该适当融入一些游戏元素。比如：和同事的沟通方式可以不用那么一本正经，毕竟，我们生命的很大一部分时间都是在工作空间中度过的。Hygge 是一种你与他人共同营造的氛围，它可以在任何时间、任何地点发生，所以不要只把它保留在家里。

最后我想指出的是，我认为工作可以并应该成为我们的幸福源泉。我们都需要感到生活有目标、有意义、有条理，而成就感对我们的幸福至关重要。但与此同时，我们也要设计好工作之外的生活。保持工作和生活的平衡很难，需要我们不断地关注、思考和调整。我认为，要实现这种平衡，重要的是与同事建立联系，一起创造良好的工作环境，同时提高闲暇时间的质量，并从中获得快乐。工作要 Hygge，玩也要 Hygge。

幸福清单

————

☐ 如果你居家办公，请尽量在视觉上将工作区和娱乐区分开。不断尝试新的方式，找到最适合自己的解决方案。

☐ 要为了玩而玩。你上次专门给自己留出玩的时间是什么时候？我们习惯于给自己制定工作计划、锻炼计划，但不要忘了为自己留出玩乐的时间。

☐ 模拟游戏可以让你摆脱各种数字屏幕的束缚，让你有机会和自己所爱的人面对面沟通。

第七章
CHAPTER

7
——

塞尚效应

在第二次世界大战的伦敦大轰炸中，英国下议院议会厅被燃烧弹摧毁。1943 年，下议院开始商讨如何重建议会厅，是建成像美国国会厅那样的半圆形？还是按原来矩形的样子重建？丘吉尔坚持按原样重建。他认为，在矩形大厅里，辩论双方可以各站一边，当议员们选择自己支持的一方时，必须要在众目睽睽之下从房间的一边走到另一边。

丘吉尔说："对一个人来说，在意识上从左派转为右派并不算太难，但穿过议会厅[1]的行为却需要深思熟虑。在这个问题上，我很有发言权，因为这个艰难的过程我经历过不止一次。"丘吉尔还认为，旧议会厅的形式对英国的两党制也有不小的影响，并称其为英国民主议会的精髓，还强调，人塑造了建筑，建筑又反过来塑造人。

1945 年 5 月，场地清理工作开始，五年后新的议会厅竣工。新议会厅基本按照原样重建，包括地毯上的红线。据说左右两条红线之间的距离正好是两把剑的距离，双方在辩论时不能越过红线。

议会厅规模很小，只有 427 个座位，但议员实际上有 646名。丘吉尔曾为此辩护，他认为，如果把议会厅扩建到足以容纳所有议员，会显得议会厅空荡荡的，绝大多数辩论都将在令

---

1 "穿过议会厅" 指加入对方党派。丘吉尔曾两次改换党派。

人沮丧的氛围中进行。在他看来，下议院辩论的精髓在于它有和日常对话一样的氛围，议员能够迅速打断对方并交换意见。

这一点上，我同意丘吉尔的看法。我也做过不少公共演讲了，在可容纳 100 人的礼堂里对着 110 个人演讲，比在可容纳 200 人的礼堂里对着 110 个人演讲，氛围可要好太多了。

这个例子说明了历史传统和身份认知是如何通过环境影响我们的。我们选择的颜色、家具和摆件都揭示了我们的内心，反映出我们到底是什么样的人。

我们的家和议会厅也没什么不同。家体现了我们的生活方式，也反映着我们如何看待自己。这就是为什么认同感和归属感是家的重要组成部分，也是我们幸福研究院对欧洲 13000 多人进行调研后得出的结论。

在影响我们对家满意程度的因素中，身份认同感占 17%，即我们觉得家是自己不可分割的一部分，它讲述着我们每个人自己的故事。家让我们有归属感，它代表着我们是谁，以及我们希望别人如何看待我们。正如我们采访过的一位来自阿姆斯特丹 40 多岁的女士艾伦所说："家是一个让我可以真实做自己的地方，它包含着我的身份，与我息息相关，在家里我非常自在。"

我们还发现，与个人身份紧密联系的家，会让你为之感到自豪，并滋养你的自尊。在需求金字塔中，马斯洛将自尊放在爱与归属之上，它对幸福来说至关重要。

在幸福研究院的研究中纳入自尊指标时，我们充分利用了罗森伯格的自尊量化表。该量化表会询问你在多大程度上同意"我感觉我拥有许多优秀品质"和"我感觉我没有太多值得自豪的事情"等说法。

家是我们生命的集合，是我们的回忆宝库，它展示了我们是谁、我们去过哪里，并时刻提醒我们那些引以为豪的品质。一个 Hygge 之家应该有自己的个性，向人们展示你是什么样的人。

我很喜欢翻别人书架上的书，从一个人看的书里可以了解到很多东西。他的兴趣是什么？我们有没有读过相同的书？他喜欢小说吗？他的那本《拿破仑传记》和市面上其他两个版本有什么不同？到别人家里做客是了解一个人的好方法，而一个 Hygge 之家可以帮助我们催生出更深入的对话，建立起更有意义的联系。

打造这样的一个家并不是一蹴而就的。宜家 2020 年的《家居生活》报告指出，老年人对家的认同感是年轻人的两倍——数据分别为 49％和 25％。一个拥有 Hygge 氛围的家是一个独属于你自己的家。你的家就代表了你自己，正如丘吉尔指出的，家也会反过来塑造你的个性，这是双向的。

宜家 2020 年《家居生活》报告

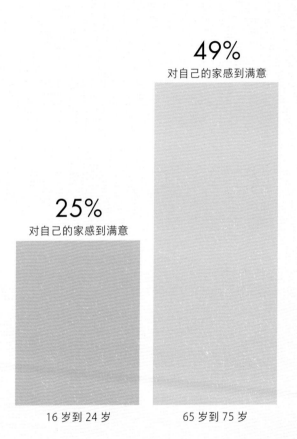

49%
对自己的家感到满意

25%
对自己的家感到满意

16 岁到 24 岁　　　　　65 岁到 75 岁

金字塔的顶层

——————

正如我之前所说，家为我们提供保护，让我们感到安全和舒适，这些都是马斯洛需求金字塔的底层需求。家也可以满足我们最高层次的需求，即金字塔的顶层——自我实现。

马斯洛的需求层次理论认为，只有（至少在一定程度上）满足了安全、归属感和自尊等基本需求之后，我们才有能力去满足自己更高层次的需求，比如自我实现。

自我实现是每个人都有的一种内在需求和驱动力，它指的是发挥出自己的潜力，成为想成为的人，它也是我们获得幸福的重要因素。

自我实现有时会被错误地理解为自私，但在我看来，它意味着对他人、社会甚至是全人类的关怀。根据马斯洛的理论，像埃莉诺·罗斯福[1] 和阿尔伯特·爱因斯坦这样的人就是自我实现的典范，他们一直是我的榜样。爱因斯坦曾说："不要追求成

---

1 第 32 任美国总统富兰克林·罗斯福的夫人，美国任职时间最长的第一夫人。

功，要追求价值。"这句话对我影响很大，尤其是十年前幸福研究院成立的时候。

但是，你可能会问，自我实现与幸福之间有什么联系呢？这是个好问题。哥伦比亚大学和宾夕法尼亚大学教授幸福学的心理学家考夫曼（Scott Barry Kaufman）在 2018 年的一篇研究论文中，指出了自我实现与幸福感之间的联系。

该研究基于 500 多名参与者的采访，他们回答了自己在多大程度上认可"我觉得这辈子有一些重要的任务要完成""我接受我所有的怪癖和欲望，没有羞耻感或歉意"等说法。研究发现，一个人自我实现的程度与生活满意度、好奇心、自我接纳程度、积极的人际关系、自主性和生活目标等因素密切相关。生活满意度和生活目标是我们幸福研究院在研究中衡量幸福感的关键要素，而自主性和积极的人际关系往往是这两者的主要驱动因素。

那么问题来了，家该如何帮助我们实现自我呢？这意味着我们要对家的空间进行规划，让其激发我们的灵感，让我们时刻想起自己喜欢做的事情。

设计幸福

————

看看马斯洛需求金字塔的每一层都有什么需求

想想家里有什么可以帮助你满足这些需求。就像我前面说的，幸福生活不仅仅意味着满足我们基本的生存和安全需求，还要满足更高层次的需求，比如爱、归属感、自尊和自我实现。

家不仅仅是四面墙加一个屋顶，它应该让我们觉得安全和有归属感，同时帮助我们与他人建立联系。所以，我认为家在满足这些需求方面扮演了重要角色。

心理需求

感恩是 Hygge 的一个重要方面，花点时间感恩你的家为你提供的所有支持。你拥有的往往比你以为拥有的要多。

安全需求

每个人都需要一个庇护所，一个让人感到舒服的地方，Hygge 之家可以让你自然地放松下来。

自尊需求

  在家中摆上可以唤起回忆的东西，它们会提醒你做过的事、热爱的事、去过的地方，也时刻提醒你自己有多棒。

爱与归属感

  家是 Hygge 的总部。在这里，你可以邀请最亲近的人来做客，在这个过程中，你们可以增进感情，加深了解，形成更紧密的联系。

自我实现

  你的行为会受到周围环境的影响。可以让你的家引导你做更多快乐的事情。

另一个家

———————

因为工作，我一直在全球各地跑。2019 年，我在全世界 30 多个城市做演讲，南至南非开普敦，北至加拿大温哥华，西至智利圣地亚哥，东至中国北京。国际旅行听起来很有意思，充满异国情调，但其实我大部分时间都是在机场候机厅度过的，要么就是在倒时差。不过，确实可以因此结识世界各地可爱的人，体验不同空间带给你的乐趣。

与你分享两段截然不同的经历吧。有一年 12 月，我在清华大学做演讲。那是我第一次去中国，北京这座城市让我惊叹不已，我迫不及待地想出门逛逛。然而，由于我那次入住的酒店太好了，我根本不愿意出门。倒不是因为它有多豪华，而是它比我当年住过的任何酒店都更像家。屋子看上去就是有人精心布置过的，比如恰到好处的一两盆绿色植物，几本让人想翻阅的书，房间处处充满了温暖，且独一无二。

这和我在几个月前的一次经历形成了鲜明对比。我和同事到柏林去见一个客户，我们在柏林市中心附近的一家酒店订了房间。房间里有一张床，一个床头柜，一张小餐桌和四把椅子，

该有的都有了，可就是少了点什么。

　　床头柜上有一个相框，里面的画可能就是买相框的时候自带的。画上有一只羊，不是什么有名的羊，既不是克隆羊多利，

也不是村上春树《寻羊冒险记》里那只特别的羊。我猜人们把这件东西放进房间的时候，没有经过任何考虑，因此它没有爱，也没有温度。

有些地方，就是会给人宾至如归的感觉，不管它是高级酒店、大别墅，还是小公寓。我在北京住的那个酒店房间就像我的另一个家，在那里，我觉得自己是受欢迎的、放松的。而在柏林的酒店房间，我感到的只有疏远和冷漠。

这些经历让我开始从新的角度审视我居住的环境。我不再考虑房间的外观，而是会问自己是否愿意在这里度过一段时光。在这样的一个空间里，我可能会做什么？我希望它激发我什么样的行为？它的样子会如何影响我的心情？

情景设定会影响剧本走向，环境会影响行为。直到我参观了塞尚工作室后，我才真正明白空间是如何激发人的灵感，进而影响人的行为的。

塞尚工作室位于法国南部普罗旺斯地区艾克斯市郊的一座陡峭的小山上，被一个郁郁葱葱的花园环绕。它是一幢淡黄色的两层小楼，百叶窗是红色的，楼上的房间有一扇朝北的大窗户和一扇朝南的小窗户。这两扇窗户确保了塞尚在绘画时的光线条件。塞尚需要光，但不是直射光。墙壁的颜色以及木地板的选择，都是为了尽可能减少光的反射。

在朝北的窗户旁边，有一个巨大的立式信箱，上面一个大约 30 厘米的奇怪的洞从地板一直延伸到天花板。有了它，巨型画布就可以方便地运进和运出工作室。

从 1902 年到 1906 年去世，塞尚每天早上都会在这里工作。我参观房间的时候，感觉塞尚好像刚刚出门，因为他的圆顶礼帽和大衣还挂在那里，与之在一起的还有他的油画架，以及在他静物画里反复出现过的物品：水果碗、罐子、丘比特像、桌布，等等。

这间工作室是按照塞尚自己的意愿建造的。工作室的设计目标显而易见：创造尽可能好的条件，帮助塞尚创作出伟大的作品。正如马斯洛所说："音乐家必须去创作音乐，画家必须去画画，诗人必须去写诗，这样他们才能最终获得幸福。一个人要成为他能成为的那个人，就必须真实地面对自己，我们称这种需求为自我实现。"

我没有画画天赋，也从来没有对画画产生过兴趣。我最伟大的杰作是七岁时临摹的漫画《幸运路克》的封面。但站在塞尚的画室，在如此完美的光线下，我平生第一次想拿起笔画点什么。

这就是那间画室带来的灵感和动力，它的设计就是为了让你想画画、想创作、想看到事物的真实面貌。当我站在那间画

室时，才意识到我也曾设计过自己的工作室。我把读过的美国小说和从未读完的俄罗斯小说都拿到房间，还拿了一些让我想冒险的东西，比如印度尼西亚的面具、摩洛哥的台灯和捕鱼设备。另外还有几样让我有归属感的纪念品：一幅画着我祖父农场的画；一台他在 20 世纪 60 年代送给我父亲的相机；一张我和叔叔用百年樱桃树树枝做的凳子。这些物件中的每一个都会勾起我的回忆，而这些正是我在写作时所需要的故事宝库。

还有一副韩国面具，是一个年轻人送给我的。他的母亲死于自杀，他现在正在与韩国社会对精神疾病的偏见做斗争。在我看来，这副面具的意义是想鼓励人们卸下伪装，摘掉戴着的面具，用真诚让世界变得更美好。

在上一本书中，我曾开玩笑说，我在伦敦常住的酒店里，每个房间都挂着达·芬奇的《抱银貂的女子》。书出版之后，企鹅兰登书屋的团队给我寄来了一张这幅画的复制品，它现在就挂在我的工作室里。

此外，工作室里还有我送给自己的礼物——一把可以躺着看书的椅子。那是我为了纪念自己第一本书出版而买的，因为写作需要阅读的积累。除了以上提到的东西外，我工作室里还有一张漂亮的胡桃木书桌，上面铺着黑色的桌布，它总会让你忍不住坐下来写点什么。

我知道这么说可能有点太张扬，但是没错，在给自己设计专门的创作空间这件事上，我和塞尚所见略同。我们哥俩儿都是创意天才。当今世界需要的肯定是更谦虚一点的天才，像我俩这样的已经不多了。

言归正传，我想说明的是：房间和住宅可以激发我们的灵感，激励我们发挥潜能。住房不只是个名词，而应该是个动词。它指的是一个动态的过程，一个不断改进我们居住环境，激励我们实现自我的过程。一个幸福快乐的家可以激发我们的热情，让我们成为想要成为的人——这就是"塞尚效应"。换丘吉尔的话来说就是：人塑造了建筑，建筑又反过来塑造人。

关于家是如何从身体和智力两方面塑造人的，看看下面这两个例子。

书架助你成长

————

问你一个问题，你 16 岁的时候家里有多少本书？书架上 1 米大约可以放 40 本书。我 16 岁的时候家里大约有 350 本书。澳大利亚国立大学（Australian National University）的一组研究人员在一项研究中提出了这一问题，收集并研究了来自 31 个国家 16 万多人的数据，以及他们的识字和算术水平。

是的，不同国家的家庭平均藏书量差别很大，从土耳其的 27 本到爱沙尼亚的 218 本不等。另外，父母的教育水平、从事的工作以及他们的阅读量也会影响到孩子。排除这些，研究结果显示，青少年时期家中的藏书量是预测孩子文化水平的关键因素。

多国家庭平均藏书量

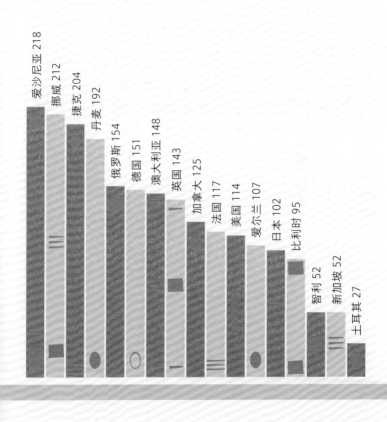

爱沙尼亚 218
挪威 212
捷克 204
丹麦 192
俄罗斯 154
德国 151
澳大利亚 148
英国 143
加拿大 125
法国 117
美国 114
爱尔兰 107
日本 102
比利时 95
智利 52
新加坡 52
土耳其 27

232

一个家中没有藏书的 16 岁孩子，其识字和算术水平一直低于平均水平，而一个家中藏书丰富，但只受过中等教育的青少年，成年后在识字、算术和技术方面的能力不亚于从小只读过几本书的大学毕业生。

因此，如果你的孩子走进图书馆，脱口而出的是"请给我两个芝士汉堡"，图书管理员回答说"对不起，这里是图书馆"，而你的孩子还是小声说"我想要两个芝士汉堡"，那么你就需要考虑给家里放更多的书了。目的是给孩子营造一种读书的氛围。别担心，我们没必要拥有特别多的藏书。据研究，80 本左右的书就可以将识字水平提高到平均水平，而超过 350 本不会有任何附加效果。所以说，80 本已经很多了，快去当地的二手书店转转吧。

你可能会说："什么书不书的，我没兴趣。"好，没问题。我只说三件事。第一，很抱歉，我们不能再做朋友了。第二，家庭环境会影响人的行为，在有藏书的家庭环境中，人的行为方式会有所不同。第三，请记住，罗马政治家和学者西塞罗曾经说过，一个没有藏书的家就像一个没有灵魂的躯体。这句话的另一层意思是，没有藏书的家肯定不会有 Hygge 的氛围。当代美国导演兼演员约翰·塞缪尔·沃特斯（John Samuel Waters Jr.）曾说："如果你和某人约会，去他家时发现房间里没有书，那就不要和他上床，不要和不读书的人上床。"

当然，书只是一个例子，说明了我们所塑造的家庭氛围会反过来影响我们的生活。伦敦大学学院（University College London）对 12000 多名出生于世纪之交的儿童做了一次追踪研究，由此了解童年时代会如何影响成年后的生活。

研究发现，约 50% 的孩子在 7 岁时卧室放有电视，他们中的男孩在 11 岁时会超重 20%，而女孩则会超重 30%。

该研究的第一作者、伦敦大学学院流行病学和卫生保健研究院的安雅·埃尔曼（Anja Heilmann）博士称，小时候卧室里有没有电视与几年后体重超重之间存在明显联系。她认为，在儿童肥胖症预防策略中，应将儿童卧室里的电视机列为诱发肥胖症的一个风险因素。

我也受到过这种影响。小时候，我们一家人会在避暑小屋里度过夏天，那里只有一台 14 英寸的黑白电视，而且天线连接不好，就因为这个，后来我们很少看电视。1992 年夏天，我 14 岁，我看的唯一一个电视节目是当年欧洲足球锦标赛的决赛，丹麦对阵德国，最终丹麦获胜！从那时起，我们眼前的数字屏幕变得越来越薄，但我们的孩子却变得越来越“厚”。换句话说，我们如何设计房间会直接影响我们的健康和幸福。

设计幸福

—————

功能第一

想想不同的家具会对房间里的活动产生的影响。与其随大溜往房间塞满各种标准化的东西——比如在天花板上装个灯，墙上挂个油画或者海报，放几张椅子或沙发等，不如先停下来想一想，你希望这个房间给你带来什么。把住在里面的人当成设计的核心才是更人性化的方法。如果你不太确定自己想要什么，不如考虑一下这几个问题：

• 你希望这个房间在你的生活中发挥什么样的功能？
• 你希望它满足你哪些需求或愿望？
• 这个房间是用来社交的，还是用来一个人享受独处的？
• 你想在这个房间舒舒服服地做些什么？

如果房间不大，可以优先考虑一下哪些功能对你来说是最重要的，这些功能就应该占用更多的空间。可以问问自己：什么样的夜晚是最完美的？是和朋友一起聚餐玩乐，还是自己待着看《指环王》三部曲？这个问题的答案决定了你家里的主角是餐桌还是沙发。如果你喜欢画画，那就设计一些东西提醒你这一点。建造像塞尚那样有完美光照的工作室当然不太现实，但或许你可以购置一个简单的画架，或者找一些可以出现在静物画里的东西，比如空酒瓶、水壶、果盘，或者一个骷髅头？骷髅头还是算了吧。

Hygge 之家能让你想起自己是谁，时刻提醒你什么事情会给你带来快乐。因此在一个 Hygge 之家里，一定要为自己喜欢的事情留出空间。

记忆消散时，如何找到回家的路

———

当你苦苦寻找回家的路时，一扇独特的大门可以帮你在复杂的世界中找到方向。

派纳克（Pijnacker）是荷兰一个位于鹿特丹和海牙之间的小镇。在镇上的范彼得护理院（Pieter van Foreest Weidevogelhof）里，所有的门都是一样的——蓝色的门框，橙色的门板。对痴呆症患者来说，搬进新家（通常是新的护理院）是一件十分恐慌的事情。我在哪里？我的家在哪里？为了帮助患者适应这个转变，一家荷兰公司提出了一个巧妙的解决方案：将护理院的门做成患者熟悉的样子，比如华丽的木雕门、彩色玻璃的马赛克门、有着浓厚城市气息的涂鸦门，等等。

设计者还去了一些患者的老家（也许是住了五十年的家），把他们的家门拍了下来，然后打印出来贴在护理院房间的门上。如果由于某些原因无法拍到照片，患者也可以在数百种门的产品目录中找到与原来家门最相似的一个。

这个解决方案使患者可以轻松地找到自己的房间，减少走

错房间的可能。更重要的是，它给人一种温馨美好的感觉，很
有人情味。搬到这里的患者失去了陪伴他们几十年的家，但他
们永远不会失去对归属感的渴望。

幸福清单

❑ 从最基本的生理需求、安全需求、爱与归属、身份认同，到最高级的自我实现，想想家如何能满足你的各种需求。

❑ 留下自己独特的印记。不管是自己的房子还是租的公寓，把它打造成独属于你的地方。你的家应该展现出你自己的风格。

❑ 功能优先，外观其次。你所居住的空间会给你什么样的感觉？会如何影响你的行为？想想你所做的选择会产生什么后果。椅子和沙发的摆放方式是方便你追剧，还是方便你和别人聊天？电视是不是占据了家里太多空间？能不能把电视机放进电视柜，不看的时候可以关上柜门把电视藏起来？

❑ 用装饰物激发你的行动。如果爷爷送给你的旧打字机会让你想起他教你识字的经历，那就把它放在书架或书桌旁吧。

第八章
CHAPTER

8
—

自己动手才最 Hygge

去年秋天，我和朋友米克尔一起上了一门啤酒酿造课程。那天下午，在与啤酒花、麦芽和酵母玩了四个小时之后，我骑自行车回家，后座上放着 16 升的 IPA 啤酒[1]。

这仅仅是啤酒酿造过程的开始。在接下来的几个星期里，酵母会把糖吃掉，产生二氧化碳和酒精。换句话说，魔法和 Hygge 就要产生了。啤酒被保存在有气闸的发酵罐中，发出咕嘟咕嘟的冒泡声。我把发酵罐放在家中的工作室里，但啤酒的味道太大了，我不得不去其他房间工作。为了长久的 Hygge，我不得不暂时做一点牺牲。发酵过程结束后，要把啤酒装瓶，再储存几个星期，以确保啤酒的风味已经形成。整个过程涉及大量工序，要花费很长时间，而我一直处在 Hygge 的状态。于是我把它命名为"Hygge 小精酿"。

如果你读过我写的《丹麦人为什么幸福》，你可能会记得我曾经想尝试制作柠檬酒，它跟精酿啤酒一样，都会让我感到 Hygge。我计划开展的下一个项目是制作苹果酒，你可能会认为，我感到 Hygge 的原因是这几样东西都有酒精，那可不是关键，我觉得最重要的其实是自己动手制作的过程，在参与整个制作、酿造和发酵的过程中，我感到很舒适。从这层意义上说，你可以把发酵看成一种极限运动——"慢食"运动[2]的极端形式。

1　印度淡色艾尔啤酒，最传统的精酿啤酒。

2　"慢食"运动致力于推广营养、优质和健康的食物，提高食品文化意识，保护生态环境和传统农业文化。

据说，幸福的秘诀包括有事可做和有事可盼。所以，选一个吃的东西，花几个月时间做出来吧。可以是泡菜，也可以是苹果酒，或者，从最简单的东西开始做起，腌柠檬怎么样？做起来超级简单，味道和外观都不错。

设计幸福

————

盐渍柠檬

这一制作过程会去除柠檬的苦味，最后得到有浓郁味道的盐渍柠檬，简单说盐渍柠檬就是强浓缩柠檬汁。

1. 找一个以前吃完果酱留下的瓶子，清洗干净。不放心的话可以在沸水里煮一下消毒。小心不要被烫伤，烫伤可就不 Hygge 了。
2. 取一两个柠檬，将汁挤入瓶内。
3. 拿出剩下的几个柠檬，洗净，十字刀切，但不要切断，确保四瓣柠檬的一端连在一起。
4. 给所有柠檬裹上一层盐，然后放入瓶中，压紧。
5. 再往瓶子里加入适量的盐和柠檬汁，确保所有的柠檬都沾到。
6. 将果酱瓶放在冰箱或阴凉的橱柜里，避免阳光直射，等一两个月即可。
7. 之后就可以用你的盐渍柠檬做羊肉炖菜或摩洛哥沙拉了！

用最简单的原料做出最好吃的东西，就是 Hygge 食物的要义。在这个制作过程中，最重要的因素其实是时间。自己在家做饭不仅省钱又健康，还能带来对我们幸福至关重要的成就感和满足感。除此之外，做饭还是一种充满爱的行为。为自己所爱的人亲手准备美味的食物，让他们知道你很关心他们。所以说，厨房是一个充满 Hygge 的地方，经常参加"轰趴"（home party）的人对这一点肯定很熟悉，聚会里最热闹的地方其实是厨房。

安格连家居装修公司（Anglian Home Improvements）委托相关机构对 1000 名英国房主进行了一项调查，问题是：是什么让房子变成了家？是什么因素使砖墙围起来的空间成了人们最喜欢的地方？看到调查结果我很开心。调查结果的前五名没有任何实物，第一件实物是沙发，排在第七名。让房子变成家的是爱与笑声，还有和家人朋友一起吃饭。

是什么让
房子变成了家？

项目	百分比
幸福	57%
爱	51%
安全感	50%
笑声	44%
和家人朋友一起吃饭	43%
做饭的味道	43%
舒服的沙发	42%
洗澡	40%
刚洗过的床单	39%
装得满满当当的冰箱	39%
家人朋友的照片	39%
宠物	36%
小孩	32%
周日烤肉 [1]	32%
夏天在花园里烤肉	32%
你收藏的东西（书、画、DVD 等）	31%
有一个完全属于自己的空间	30%
过节	25%
舒服的角落	25%
舒服的抱枕或坐垫	23%
冬天壁炉里的火	22%
蜡烛	22%
节日照片	20%

---

1 源自英格兰，是周日去教堂做完礼拜后享用的大餐。主要食材是肉、马铃薯和约克郡布丁，也可以加入其他蔬菜。

食物的快乐

────────

我很喜欢一张拍摄于 1894 年的照片，那张照片是在缅因州的树林里拍的。照片上有男男女女十个人，每个人都穿着漂亮的衣服，头戴大帽子，手里捧着一牙西瓜。西瓜很大，挡在他们的嘴前面，看上去就像超大号的笑容。食物和快乐有着密切的联系，这张照片只是诸多例证中的一个。纵观人类历史，食物或许是快乐最基本的来源之一。

英国哲学家杰里米·边沁（Jeremy Bentham，1748—1832年）是最早尝试量化快乐的人。边沁认为，人们的行为都是为了将快乐最大化，将痛苦最小化，他还提出了快乐微积分（Hedonic Calculus），用来计算一个行为将产生多少快乐或痛苦。快乐常常与享乐主义或希腊哲学家伊壁鸠鲁联系在一起。伊壁鸠鲁认为，没有痛苦的快乐才是彻底的快乐；而希腊哲学家亚里士多德则认为，美好的生活和幸福的人生应该是有意义的，可以通过行善来实现。我们现在对快乐和幸福的认知都可以追溯到这些人的思想。对我来说，美好的人生包含两个必要元素：意义和快乐。只有同时拥有它们，人生才会美好和充实。

我必须要提一下 Hygge 之家中的 madglæde——这是一个丹麦语单词，意思是食物的快乐，或者指享用食物的快乐。不过，我发现人们最近似乎对食物能给我们带来快乐这个观点产生了怀疑，甚至还会因为享受美食而有负罪感。

Hygge 指的是简简单单的快乐，比如刚刚出炉的手工面包的味道，刚刚打开的新鲜咖啡豆的味道（只有我会凑上去狠狠地闻吗？）。如果我们能像计算食物的热量那样细心地计算我们从食物中获得的快乐，我敢保证边沁一定会竖起大拇指。我们应该重新塑造对食物的认知。好的食物不仅仅指能让我们身体健康的食物，还包括那些能让我们与他人建立更好联系，使身心都快乐、舒服的食物。

健康还应该和生活质量有关。正如美国美食作家玛丽·弗朗西斯·肯尼迪·费舍尔（Mary Frances Kennedy Fisher）在她 1954 年的经典之作《饮食的艺术》（*The Art of Eating*）中所说："有好朋友的陪伴，还有美食，此时不享受生活，更待何时？"

Hygge 与食物的快乐息息相关。快乐能激发人对食材本身的兴趣，甚至包括种菜的兴趣。

自己种菜的快乐

————

我们做关于"是什么让房子成为家"的研究时，也询问了参与者心中理想的家是什么样子的。有几个人表示，他们梦想有一个可以自己种水果和蔬菜的地方。一位已经开始自己种植蔬果的人说："不管外面的世界如何，我有一块可以自给自足的地方，就觉得很有安全感。"

一位三十多岁，家住英国伯克郡的参与者斯蒂凡，在采访过后给我们写信说，他理想中的家就是有一块属于自己的菜地，或者有一两个温室，这样他就可以种菜种水果了。他觉得自己种的食物不仅健康，种植过程也十分治愈，同时还可以实现自给自足。

原来，并不是只有我一个人梦想有一块地可以种菜。到目前为止，我最大的收成是我在窗台上种的辣椒。看着它从开花到结果，从绿变红，再成为我碗里美食的配料，每一个过程我都非常享受。

我想，种菜和做饭一样，都能收获成就感和喜悦感。我的小家庭农场的下一个种植项目是平菇，培养基是煮咖啡剩下的咖啡渣。

设计幸福

————

在窗台上种点什么

　　不可能每个人都能拥有一个大花园。我这辈子大部分时间都住在公寓里。但无论房子大小，都有适合种植的东西。如果没有很大的室外空间来种菜的话，你可以试着在自己家的窗台上种点什么。最容易种的菜有：

1. 萝卜，可以给沙拉增添一些爽脆。
2. 菠菜，可以给炖菜增加一抹绿色，也可以和咖喱一起炖。
3. 小型绿叶蔬菜，可以撒在菜肴上，不仅增色还提鲜。
4. 窗前的辣椒可以为生活增添色彩。
5. 番茄生长得很快，你可以看着它一点点长大。如果家里有小孩，可以从番茄开始种起。
6. 黄瓜，可以选择小型品种种植，需要在花盆上拉一根绳子供黄瓜苗攀附。
7. 草莓，在室内种植的话不用怕被鸟儿偷吃。
8. 罗勒，自己制作香蒜酱的第一步。
9. 生姜，盖上1—2厘米的土壤，避免阳光直射，只要保持土壤温暖潮湿即可。
10. 香芹、鼠尾草、迷迭香和百里香。

治愈种子

在丹麦哥本哈根的"幸福博物馆"开张之前，我们举办了一场活动，向人们征集在他们心目中代表幸福的物品。人们参与活动的热情超出了我的预期，我们收到了不计其数的东西：哮喘吸入器、婚礼蛋糕上的小装饰、马拉松比赛的奖牌，甚至还有一包番茄种子。这包种子是居住在美国的凯蒂寄来的。

凯蒂的父亲在2006年去世了，悲痛的凯蒂不舍得扔掉父亲的衣物，把它们都留了下来，搬家的时候也原封不动地带走。父亲去世十周年时，凯蒂决定把这些旧衣物做成被子，送给母亲和兄弟姐妹。她把父亲的衣服翻出来，检查每件衣服的口袋，结果发现了一张旧贴纸和几颗种子——凯蒂的父亲是个热衷于园艺的人。凯蒂决定种下这几颗种子。几天后，埋下种子的地方就冒出了绿色的新芽。她浇水，施肥，看着种子在洗衣房里慢慢长成近三米高的西红柿藤。

这件事之后，凯蒂喜欢上了园艺和保存种子。她从最初的这几株西红柿上收集了一些种子，风干后保存了下来，第二年再把它们种在花园里。后来，她开始把自己保存的种子分享给失去至亲的人们。就这样，她的想法不断发展，现在她在一家名为"治愈种子"（Comfort Seeds）的组织里帮助失去至亲的孩子走出悲伤。

收获 Hygge

我听见踩在碎石子路上的声音，还有叽叽喳喳的鸟叫，远处有人在挖土。空气里是接骨木花的味道，附近不知道谁家在烤苹果派。

我正待在"家庭园艺花园"（kolonihaver）里。这样的小花园在哥本哈根有很多，里面还有五颜六色的小木屋，哥本哈根人喜欢到这里呼吸新鲜空气。这一个个小小的花园就像是"户外慢生活"的小甜点。

这些小花园每个都不会超过 400 平方米。里面的小木屋都很小，保暖效果也不好，通常每年只有 4 月到 10 月才有人住在那里，毕竟其他时候天气太冷了。

"家庭园艺花园"最初是菜园，也是丹麦人口密集城市工人阶级家庭的娱乐场所。它们有时被称为"穷人的花园"——是穷人家庭用较低的成本获取新鲜蔬菜水果的一种方式。如今，"家庭园艺花园"在 Hygge 量表上的分数很高，拥有这样一座花园会让你感觉无比富足。虽然某些小木屋可能都不到 20 平方米，

256

但它的 Hygge 氛围感很浓。

我和那个挖土的人聊了聊。他和妻子在哥本哈根市中心拥有一套不小的公寓，但每年夏天他们都会带小儿子来这里生活一段时间，至少 4 个月。"我们以不同的方式一起生活在这里，每天在户外的感觉很好，很 Hygge。"他解释道。

他们在田里种了 15 种不同的蔬菜，还有几棵苹果树。他说："我是做 IT 工作的，我很喜欢我的职业，但种菜要比任何事都让我感到满足。"

设计幸福

————————

浪费食物可一点儿都不 Hygge

　　最近有一份报告显示，英国家庭每年会浪费 450 万吨食物，换算成钱的话，就是 140 亿英镑，平均下来，相当于每个有孩子的家庭每年会浪费价值 700 英镑的食物。美国人浪费食物的情况更严重，多项研究显示，美国家庭浪费食物的比例高达 30% 到 40%。根据《美国农业经济学杂志》的数据，美国家庭平均每年浪费的食物价值为 1866 美元。此外，食物垃圾占全球温室气体排放量的 6% 到 8%。好消息是，我们可以通过改变在厨房的行为习惯来减少这种浪费。

- 在冰箱里留出一个"退休格"。这一格专门用来放快过期的食物，这样可以提醒自己快点把它们吃掉。

- 记住一些可以用到很多食材的"大杂烩"食谱。比如家里还有一些西红柿，两块芝士，一个洋葱，半个西葫芦，还有一瓶见底的橄榄油，一些省下的碎肉，那么今天的晚饭就是比萨了！家里有很多剩菜的时候，要记住杂烩汤、意大利烩饭、菜饭、砂锅炖菜是消耗它们的上佳选择。

- 不怎么新鲜的浆果或者水果可以做成果酱，或者用在蛋糕上。有多出来的苹果或橙子？在适用于烤箱的平底锅中融化一些糖，加入黄油，然后加入水果。炖煮几分钟后，关火，冷却几分钟。然后用一些酥皮盖住水果（小心一点，融化的糖可能还很烫）。用叉子在上面扎一些孔，然后放入 200 摄氏度预热的烤箱中烘烤 25 分钟。之后，冷却 10 分钟，你的法式苹果塔（如果你用的是苹果的话）就做好啦！足够你惬意满满地享受一个下午了。

- 派对后留下很多剩菜？给每个客人打包一些。或者更好的办法是，在派对前，规定参加派对的客人每人带一道菜，重点是，这道菜必须用冰箱里的剩菜做。我相信你不仅会喜欢它的味道，还会为你朋友们的创造力感到惊讶。

幸福清单

————

☐ 慢食。无论是印度淡色艾尔啤酒还是盐渍柠檬，
动手做一些需要时间才能收获的美味。确保你
的生活有所期待。

☐ 种下快乐的种子。种辣椒还是西红柿，在花盆
里种还是在地里种，都不重要。重要的是你将
收获 Hygge。

☐ 享受食物的乐趣。你最喜欢哪道菜呢？每个月
抽空在家亲手做做吧。

——

家，灵魂疗愈之地

在我之前的一本书《刻意放手：向最幸福的人学习幸福》里，我提到过阅读疗法。它指的是通过读那些与你有相同困扰的人的故事来解决自身问题。从那时起，我就越来越相信语言的治愈能力，威廉·西格哈特（William Sieghart）的经历加深了我这个信念。

几年前，我在伦敦参加《闲人》（Idler）杂志组织的一个活动。威廉是活动上的一位演讲者，他认为诗歌有治愈力量，他的使命是"让诗歌走出诗歌角"。

"我被送到寄宿学校的时候只有八岁，把孩子送到离家很远的地方是英国人很奇怪的传统。"他说，"当时我很小，又孤独又害怕，很不开心。在那段日子里，诗歌成了我的朋友。"

过去几年，威廉倾听了上千个英国人的故事，并给每个人送上了他精心创作的诗，他称之为"诗歌药方"。

他发现，无论人身处何方，都会面临相似的问题，而他所做的是为这些相似的问题找到对应的"药方"。比如，针对很多人面临的问题——孤独，威廉开出的"药方"是 14 世纪波斯诗人哈菲兹（Hafiz）写的一首非常短的诗：当你身陷孤独或黑暗，希望我可以让你看见生命的光芒。

诗歌的神奇功效告诉我们，在世界上某个地方、某个时刻，总有人跟我们有着相同的感受。诗人把这些感受的精华提炼了出来，让全人类得到共鸣。读诗就像握手，它是人与人相互连接的一种方式。如果往历史深处探寻，回到古希腊，参观一下亚历山大图书馆，你会在图书馆的大门上方看到这么一句话：灵魂疗愈之地。

希望每个人的家都能像亚历山大图书馆一样成为心灵的疗伤之所。我们不仅可以通过读诗排解孤独，还可以通过设计，创造出人与人之间的联结和归属感。期待在威廉把诗歌带出"诗歌角"的时候，我们也可以把设计带出"设计圈"。

每两年，我都会关注丹麦非营利组织"指数项目"（Index Project）两年一度发布的"指数奖"评选结果，其宗旨是"用设计改善生活"。它是全球设计界中最大的奖项之一，被誉为"诺贝尔设计奖"。该奖项从五个类别（身体、家庭、工作、游戏与

学习、社区）的数百项提名中选出五名获奖产品，总奖金高达50万欧元。

之前获过奖的产品有生命吸管（LifeStraw），它是一个可以过滤受污染水源的塑料管，避免霍乱、伤寒等疾病通过饮用水传播。还有街头行囊（Street Swags），它是一个装在背包里的床垫，旨在为街头流浪者提供温暖和保护。空中绿地（Sky Greens）是一种城市垂直耕作系统，可以减轻耕作对环境的影响。Hövding 是一款像项圈一样戴在脖子上的自行车安全气囊，如果发生事故，安全气囊会瞬间充气，保护骑行者的头部。别忘了，这可是在丹麦，任何有关自行车的设计都很容易得奖。言归正传，这几个例子仅仅是为了说明设计能够超越外观，真正解决人们生活中的重大问题。

设计应该为人们创造一个不同的、更美好的世界，并制定方案来实现它。这当然也包括我们一生中待得最久的地方——家。

与其说这本书是一个待办事项清单，不如说它是一个为读者提供灵感的菜单。在读完这本书后你或许会意识到，生活环境不仅影响身体，还影响心理。想想家对你的感受有何影响，试着设计你的生活及工作空间，让自己更健康幸福。

目前，大约有三分之一的英国人表示他们现在住的地方并不能称为家。我想，你可以用设计和 Hygge 的理念改变这种状况，把所住的房子变成家，变成充满爱和归属感的地方，在那里，你可以看着植物慢慢生长并为之感到快乐。

你还可以把生活及工作空间设计成一个关注人际关系而不追求物欲的地方。在这里，你可以与邻居共享工具，感受阳光，与孩子玩乐，还可以自己种辣椒。

最重要的一点是，这个地方可以鼓励你去做那些对你来说最重要的事。这样，即便预算很少，你也可以过得富足。你会发现，真正的幸福是自己创造的。

图片来源

第一章
pp. 3, 6, 15 © Shutterstock
p. 11 © Alastair Philip Wiper/VIEW/Alamy
p. 13 © Melanie DeFazio/Stocksy
pp. 17, 21 © Duet Postscriptum/Stocksy
p. 18 © Studio Firma/Stocksy
p. 22 © Andrey Pavlov/Stocksy
p. 25 © iStock via Getty Images
p. 27 © Anna Matzen/plainpicture
p. 32 © Laura Stolfi/Stocksy

第二章
pp. 34–5, 52, 65, 66 © Getty Images
p. 37 © Irina Efremova/Stocksy
pp. 39, 74 © Shutterstock
pp. 40–41 © Arnphoto/iStock/Getty Images
p. 47 © Kristine Weilert/Stocksy
p. 48 © Alina Hvostikova/Stocksy
p. 55 © Ellie Baygulov/Stocksy
p. 56 © Vertikala/Stocksy
p. 59 © Milles Studio/Stocksy
p. 61 © Melanie DeFazio/Stocksy
p. 69 © Gillian Vann/Stocksy
p. 70 © Studio Firma/Stocksy

第三章
pp. 76–7, 86, 98 © Getty Images
p. 79 © Lucas Ottone/Stocksy
p. 80 © Joe St. Pierre Photography/Stocksy
p. 83 © Shutterstock
p. 85 © Dave Waddell/Stocksy
p. 89 © Danil Rudenko/Stocksy
p. 90 © Alina Hvostikova/Stocksy
p. 95 © Giada Canu/Stocksy
p. 101 © Fabián Vásquez/Stocksy
p. 105 © Milles Studio/Stocksy

第四章
pp. 110–11, 113, 139 © Shutterstock

p. 123 © Melanie DeFazio/Stocksy
p. 124 © Duet Postscriptum/Stocksy
pp. 131, 133, 141 © Getty Images
p. 134 © Valentina Barreto/Stocksy

第五章
pp. 144–5, 153, 157, 158, 161, 165, 175, 178 © Getty Images
p. 147 © Javier Pardina/Stocksy
p. 166 © Inuk Studio/Stocksy
p. 181 © Natalie Jeffcott/Stocksy

第六章
pp. 184–5, 198, 204, 208 © Getty Images
pp. 187, 192, 203 © Shutterstock
p. 197 © Alamy
p. 207 © Studio Firma/Stocksy

第七章
pp. 210–11, 218 © Shutterstock
p. 217 © Chalit Saphaphak/Stocksy
p. 223 © Matt and Tish/Stocksy
p. 224 © Vika Strawberrika/Unsplash
p. 227 © Taylor Hernandez/Unsplash
p. 232 © Ines Sayadi/Unsplash
p. 237 © Getty Images

第八章
pp. 240–41 © Depositphotos
p. 243 © Hannah Garvin/Stocksy
p. 244 © Ali Harper/Stocksy
p. 251 © Duet Postscriptum/Stocksy
p. 255 © Helen Rushbrook/Stocksy
p. 260 © Getty Images

结语
p. 265 © Melanie Kintz/Stocksy
p. 266 © Bonninstudio/Stocksy
p. 269 © Jimena Roquero/Stocksy

致　谢

———

多年来，许多家庭向我敞开了大门，让我真正接触到 Hygge 之家的魅力。

另外，我还想感谢挖出地道的后院，住着蜥蜴乔治的台阶，容下七人拍摄团队的厨房，让我倒头就睡的床垫，随时把酒言欢的地方，槲寄生仍在飞舞的地方，发现蛇的地方，玩"墨西哥火车"的地方，为"聪明大脑"和"坚挺身躯"干杯的地方，等待晚餐的地方，玩棒球的地方，圣诞节站着听女王演讲的地方，一起完成"巴黎拼图"的地方，随时可以借漫画书的地方，总在播爱尔兰民谣的地方，散发着木头味的地方，记住我们所有人名字的店主，拉脱维亚最棒的乐队居住的地方，总能喝到专属于我的咖啡的地方，没看完《美国派》的地方，玩填字游戏的地方，一边打牌一边喝威士忌的地方，总在播《大火球》的地方，最后还有企鹅居住的地方。

谢谢你们，要是没有你们，这本书估计现在还只是一摞不知道躺在哪个抽屉里的草稿纸。

图书在版编目（CIP）数据

为什么我只想待在家 / (丹) 迈克·维金 著；韩大
力 译 . -- 成都：四川美术出版 -- 社，2024. 11. -- ISBN
978-7-5740-1293-6

Ⅰ . TU241；D569

中国国家版本馆 CIP 数据核字第 2024UK2337 号

本书中文简体版权归属于银杏树下（上海）图书有限责任公司

著作权合同登记号 图进字 21-2024-101

为什么我只想待在家
WEISHENME WO ZHIXIANG DAI ZAI JIA

[丹] 迈克·维金 著
韩大力 译

选题策划	后浪出版公司	出版统筹	吴兴元
编辑统筹	郝明慧	责任编辑	田倩宇
特约编辑	刘叶茹	责任校对	周 昀
责任印制	黎 伟	营销推广	ONEBOOK
装帧制造	墨白空间·李国圣		
出版发行	四川美术出版社		

（成都市锦江区工业园区三色路 238 号　邮编：610023）

开 本	889 毫米 × 1194 毫米　1/32	印 张	8.5
字 数	172 千	图 幅	200 幅
印 刷	天津裕同印刷有限公司		
版 次	2024 年 11 月第 1 版	印 次	2024 年 11 月第 1 次印刷
书 号	978-7-5740-1293-6	定 价	88.00 元

读者服务：reader@hinabook.com 188-1142-1266
投稿服务：onebook@hinabook.com 133-6631-2326
直销服务：buy@hinabook.com 133-6657-3072
网上订购：https://hinabook.tmall.com/（天猫官方直营店）